陶瓷坯料制备工艺基础

主　编　汪　鹏
副主编　刘　昆　张　旭　钟幸福子　刘晓玉

江苏凤凰美术出版社

图书在版编目（CIP）数据

陶瓷坯料制备工艺基础 / 汪鹏主编；刘昆等副主编
. -- 南京：江苏凤凰美术出版社, 2022.3
ISBN 978-7-5580-8205-4

Ⅰ.①陶… Ⅱ.①汪… ②刘… Ⅲ.①陶瓷 – 坯料 –
制备 Ⅳ.①TQ174.6

中国版本图书馆CIP数据核字(2020)第257111号

责任编辑	王左佐
封面设计	吕胜强
责任校对	韩　冰
责任监印	唐　虎

书　　名	陶瓷坯料制备工艺基础
主　　编	汪　鹏
副 主 编	刘　昆　张　旭　钟幸福子　刘晓玉
出版发行	江苏凤凰美术出版社（南京市湖南路1号　邮编：210009）
制　　版	江苏凤凰制版有限公司
印　　刷	南京玉河印刷厂
开　　本	889mm×1194mm　1/16
印　　张	6
版　　次	2022年3月第1版　2022年3月第1次印刷
标准书号	ISBN 978-7-5580-8205-4
定　　价	58.00元

营销部电话：025-68155675　营销部地址：南京市湖南路1号
江苏凤凰美术出版社图书凡印装错误可向承印厂调换

前言

景德镇陶瓷大学陶瓷美术学院"陶瓷艺术与工程"专业是为适应时代发展的需要、培养陶瓷复合型人才而设置的一个新专业，也是该校跨学科、跨专业的综合型特色专业。其目标是培养适应现代社会需要的富有创新精神和实践能力的陶艺家或设计师等高级复合应用型人才，使其能够娴熟掌握陶瓷制作的各种技能、技巧，了解设计学、美术学和陶瓷工程的一般规律和原理，具备基本的创研能力和素质，毕业后能够在陶瓷生产部门独立地从事陶瓷艺术设计，也可到企业或艺术工作室从事陶瓷制作与陶艺创作。其具体要求是：系统学习陶瓷艺术与陶瓷工程专业的相关特色课程，掌握陶瓷泥料、釉料、彩绘、成型、烧成等相关知识，充分利用陶瓷材料的特性进行艺术创作，发挥陶瓷材料在艺术表现上的优势和特点。其中，《泥料配制与表现》是"陶瓷艺术与工程"专业的核心课程，要求学生掌握坯料的类型等基本知识、坯料的配料依据、坯料的配制方法，熟悉坯料的配制过程以及坯料不同的艺术表现方法，使学生具备配制不同坯料的能力，为创作更好的陶瓷艺术作品打下扎实的基础，并在将来的学习与创作中能够独立思考泥料的运用与表现的创新。

基于此，以及考虑到教材应用的广泛性，本教材内容编排立足于景德镇陶瓷大学陶瓷美术学院艺术类本科教学的特点与要求，着力于基础、工艺、表现三个方面的有机联系，将原料、坯料制备工艺以及坯料装饰作为本教材的重点内容，同时还介绍了陶瓷发展概况与国内外部分著名的坯料实例与表现。教材的深度适合陶瓷艺术类本科教学，较好地协调了基础理论与制备工艺的关系，保持了核心内容与艺术创作的紧密结合，以便于学生掌握、消化所学知识，提高对陶瓷坯料特性的认识，为更好地创作陶瓷艺术作品夯实基础。

本教材共六章，主要介绍了陶瓷发展概况；原料分类及作用；坯料组成、制备过程及相关性能测试；坯料装饰工艺；国内外部分著名的坯料实例与表现。本书可作为"陶瓷艺术与工程"等艺术类专业本科生的教材或参考书，也可作为高等院校"材料科学与工程"类专业大专、高职学生的教材或参考书。

本教材由汪鹏统稿、定稿，曹春娥教授审定。其中，第一章与第六章由张旭、钟幸福子、刘晓玉编写，第二章与第三章由汪鹏编写，第四章与第五章由刘昆编写。在编写过程中得到了景德镇陶瓷大学诸多同仁和有关同志的帮助，特别是吕金泉、詹伟、黄胜、孙传文、唐珂等老师为教材出版做了大量的具体工作，在此深表感谢。

本书在编写中由于资料欠丰，加之编者水平所限，难免有疏漏和不当之处，敬请读者批评指正。

编　者

2020 年 7 月

内容简介

　　本书主要介绍陶瓷发展概况、原料、坯料、坯料制备及检测、坯料装饰工艺、国内外著名的坯料实例与表现。内容包括：黏土、石英、长石、碱土硅酸盐类原料、其他矿物原料、化工原料以及各种原料在陶瓷生产中的作用；长石质瓷、镁质瓷、骨质瓷、强化瓷等坯料的介绍；坯料制备原则，高温瓷器坯料、低温瓷器坯料、高温炻器坯料、低温炻器坯料等常见坯料分类，坯料制备工艺、坯料性能测试；色坯、绞胎、化妆土、雕刻以及其他装饰方法；耐热瓷、伯利克陶器、帕洛斯瓷器、周国桢等陶瓷艺术家的作品等等，对各个时期陶瓷的发展也做了简单介绍。

　　本书可作为高等院校陶瓷艺术类专业的本科生教材或参考书，特别适用于"陶瓷艺术与工程"专业，也可以作为大专、高职等陶瓷类专业教材或参考书，还可以供相关技术人员参考使用。

目录

第一章 陶瓷发展概况

"陶瓷"是陶器和瓷器的总称，是一种人类生产和生活中必不可少的材料和制品，已经伴随着人类的生产活动经历了数千年的历史。陶瓷记载着人类文明的时代进程，其发展经历了一个不断演化、不断更新的过程，种类也逐渐丰富多彩。陶器、印纹硬陶、原始瓷、青釉瓷、白釉瓷、颜色釉瓷、彩绘瓷等一颗颗璀璨的明珠，随着时间的年轮，水土火的结合，形成了我国特有的陶瓷发展史。

陶器是人类最早的手工制品。随着陶器制作的不断发展，到新石器时代晚期，华夏大地已发展出以彩陶为代表的史前文化，比如仰韶文化、龙山文化。进入文字记载的殷商时代，刻纹白陶和硬陶（烧成温度1180℃左右）、少量的石灰釉陶出现了，这是制陶技术上的重大突破，为从陶过渡到瓷创造了必要条件。周代在釉陶方面继承了殷商时代的传统（烧成温度1200℃左右），豆式器型的青釉陶已经出现。东周釉陶胎体结构较细、空隙较少，烧成温度高达1230℃。周代还开始烧制砖瓦，把陶器应用扩大到了建筑方面。至秦代，长城和阿房宫的建设使用了大量砖瓦，还有兵马俑的建造，都说明在秦代制陶、陶俑成型和烧造工艺已经非常成熟，这些也都是我国陶瓷工艺发展史上的伟大成就。两汉时期，各地开始设置制陶工厂，大量生产陶器，制陶工艺已发展到很高的水平。尤其是釉陶，铜绿、灰青等低温铅釉开始出现。汉代以后，随着窑炉的改进和烧成温度的提高，原料的选择和精制，釉的发现和使用，釉陶逐渐发展成瓷器。从陶器到瓷器的过渡是我国陶瓷发展史上的重大飞跃，也使得我国成为世界上最早发明瓷器的国家。

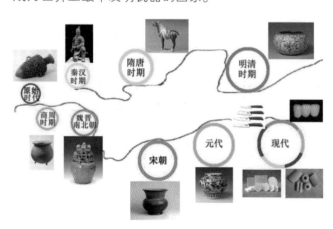

图1-1 陶瓷发展简图

第一节　新石器时代

从现存的考古资料来看，我国现存最早的陶器残片出土于江西、桂林等地区的一些洞穴遗址中（如江西万年仙人洞、桂林甑皮岩等洞穴，河北徐水县南庄头等）。经碳元素的一种具有放射性的同位素（C-14）标记化合物检测，推断出其制作年代距今已有 9000~10000 年。陶器的出现也标志着人类文化从旧石器时代进入了新石器时代。由于南北方原料的差异，这个时期的陶器原料的组成也各不相同。陶器制作工艺不断发展，到了新石器时代晚期，彩陶已成为陶器的主要品种。考古学家因此把这个时代的文化称为"彩陶文化"。

发源地：黄河流域，以陕西的泾河、渭河及甘肃东部较为集中。

代表：彩陶

坯料：新石器时期早期陶器的共同特点是质地比较疏松，都属于粗陶器类。这些陶器所用的原料含有粒径大小不等的砂粒，不同地区的陶片所含的砂粒也不同。比如甑皮岩、南庄头等遗址发现的陶片都含有较高的 CaO、MgO、Fe_2O_3，而仙人洞遗址发现的陶片则含有较高的 SiO_2、K_2O，较低的 Fe_2O_3，它们的共同特点就是都含有石英。我国黄河流域新石器时代陶片的化学组成见表 1-1。

工艺特点：新石器时代早期陶器成型工艺主要是手工成型，基本都使用捏塑成型，尚未出现慢轮修整技术。但到中晚期，陶器工艺出现了很多种手工成型方法，除捏塑成型外，还有泥条盘（叠）筑

图 1-2　仰韶文化半坡类型人面鱼纹彩陶盆（陕西西安出土）

表 1-1　我国黄河流域新石器时代陶片的化学组成 *

名称	出土地点	文化	化学组成（wt%）										
			SiO_2	Al_2O_3	Fe_2O_3	TiO_2	CaO	MgO	K_2O	Na_2O	MnO	烧失	总量
夹砂红陶	西安半坡	仰韶	64.66	17.35	6.52	0.77	2.39	3.35	3.35	1.26	0.09		99.74
夹砂灰陶			65.23	16.16	5.38	0.91	2.77	1.61	3.52	2.20	0.12	2.33	100.23
彩陶			67.08	16.07	6.40	0.80	1.67	1.75	3.00	1.04	0.09	1.47	99.37
陶坯中羼和料			75.27	12.81	1.35	0.17	1.84	0.41	3.88	3.37	0.04	0.77	99.91
红陶	仰韶村	仰韶	66.50	16.56	6.24	0.88	2.28	2.28	2.98	0.69	0.06	1.43	99.90
		龙山	67.0	14.80	8.80	0.80	1.60	1.30	2.80	1.00		1.80	99.90
灰陶			67.10	16.61	6.23	0.89	2.01	2.33	2.79	1.30	0.04	1.95	101.25
彩陶	甘肃临洮辛店	马家窑	54.92	17.47	6.17	0.75	9.28	3.18	3.59	0.69	0.23	3.39	99.67

* 数据来源于周仁等. 中国古陶瓷研究论文集 [M]. 北京：轻工业出版社 .1982：183-184.

（本章图片均来自叶喆民编著的《中国陶瓷史》，2011 年三联书店出版。）

法和模制法。在陶轮出现之前，捏塑一直是我国陶器成型的主要方法。

烧成温度： 因黏土化学成分不同而不同。陶器属于易熔黏土，一般氧化铁含量较高，温度在1000℃以下烧成。而新石器时代的红陶、灰陶、白陶，据已测定的近80种标本的数据统计，其烧成温度大多在800~1000℃。新石器时代晚期的印纹硬陶中氧化铁含量低了一些，并且原料中还含有瓷石类黏土，所以烧成温度达到了1200℃。因烧成温度不够而没有烧熟的陶器，吸水率一般高出烧结陶器的10%左右。

第二节　夏、商、周时期

一、陶

新石器时代的陶器主要是生活日用器皿，这一时期也是日用陶器烧制和发展的辉煌时期。到了商代，一方面由于印纹硬陶和原始瓷器在南方兴起，另一方面由于青铜器的大量制作，生活日用陶器逐渐趋向衰落，转向生产工具、建筑陶器和雕塑陶器等。这个时代的陶器与新石器时代有所不同，可能由于原料和烧制工艺的改变，而更多地出现了灰陶和白陶，在器型和装饰方面亦更加丰富多样。以生产工具而言，在新石器时代最为多见的陶纺轮，为人类的纺织生产起过非常重要的作用；陶网坠和陶弹丸为当时人类赖以为生的渔、猎作业提供了方便；陶拍则为印纹陶器的工艺和装饰提供了工具。它们

图1-3　商代白陶饕餮纹贯耳壶

表1-2　我国黄河流域殷周时代陶片的化学组成 *

名称	出土地点	文化	化学组成（wt%）										
			SiO_2	Al_2O_3	Fe_2O_3	TiO_2	CaO	MgO	K_2O	Na_2O	MnO	烧失	总量
灰陶	安阳五道沟	殷代	66.39	17.09	5.82	0.87	2.11	2.28	2.49	1.29	0.13	1.83	100.30
红陶			65.41	17.16	5.91	0.84	2.35	2.21	2.92	1.65	0.05	2.06	100.56
白陶	安阳		49.14	41.21	1.72	3.34	0.60	0.82	0.74	0.17	0.03	1.88	99.65
釉陶胎	二里岗		76.38	14.91	2.27	0.91	0.67	1.18	2.06	0.79	0.09		99.26
釉陶胎	陕西张家坡	西周	72.36	19.32	1.64	0.83	1.03	0.45	3.75	1.04	0.07		100.49
			75.46	17.55	1.48	1.13	0.41	0.95	2.75	0.23	0.03		99.99
			76.16	14.40	2.88	1.59	1.21	0.47	2.86	0.65	0.05		100.27

* 数据来源于周仁等 . 中国古陶瓷研究论文集 [M]. 北京 : 轻工业出版社 .1982 : 184.

的出现较之石器具有更大的优越性。商代以后陶器的最大用途是建筑材料，如陶水管。

遗址：河南洛阳偃师二里头文化遗址、山西晋南夏县东下冯遗址、郑州二里岗文化遗址。商代晚期遗址以河南安阳殷墟为中心，遍布河南、河北、山东、陕西、山西、湖北、湖南、江西、安徽、江苏等地。

代表：灰陶

坯料：仍以砂质和泥质（深灰或黑灰）为主，还有一些黑陶、棕灰陶与红陶，而白陶与硬陶较少。

工艺特点：陶器特征与豫西龙山文化时期的陶器基本相同，器型、形制与器表纹饰稍有不同。成型基本都是轮制，兼有一些模制与手制。

二、原始瓷

原始瓷的出现可以追溯到青铜时代，南北各地发现的商代原始瓷标本甚多，还发现了晚商或商周之际的瓷窑。原始瓷出现于瓷器生产的早期萌芽阶段，与东汉以后的瓷器相比，其烧成温度偏低，胎体没有完全烧结，胎体所用原料处理粗糙，釉层下有清晰可见的粗颗粒石英砂和较大的气孔，吸水率和显气孔率较高，釉层易剥落，制作工艺较原始。

代表：原始青瓷

坯料：对比各地出土的原始瓷器的化学组成可以发现，它们的 SiO_2 含量一般在 72.33% ~ 80.24%，Al_2O_3 5.41%~18.38%，$RxOy$ 的含量主要是 Fe_2O_3 和 K_2O 的含量，其中绝大多数的 Fe_2O_3 的含量都降低到 3% 以下。原始瓷器可能是类似于瓷石组成的黏土原料，与制造陶器用的易熔黏土相比，其 SiO_2 和 Al_2O_3 的含量较高，Fe_2O_3 的含量则显著降低，瓷胎白度提高，多呈灰白色或米黄色。

图 1-4 战国青釉兽面鼎

表 1-3 我国原始瓷胎的化学组成 *

时代	出土地点	化学组成（wt%）											
		SiO_2	Al_2O_3	Fe_2O_3	TiO_2	CaO	MgO	K_2O	Na_2O	MnO	P_2O_5	烧失	总量
商代前朝	山西垣曲商城	77.80	15.50	1.92	0.83	0.14	0.69	2.85	0.26	0.02	0.09	0.22	100.32
		79.71	14.55	1.81	0.94	0.08	0.65	2.66	0.17	0.02	0.07	0.08	100.74
商	二里岗	76.38	14.91	2.27	0.91	0.67	1.18	2.06	0.79	0.09			99.26
		76.95	15.02	2.29	0.92	0.67	1.19	2.08	0.80	0.09			100.01
	江西清江吴城	78.74	13.92	2.08	1.33	0.36	0.57	1.65	0.38	0.02	0.11	0.79	99.95
		73.74	18.00	2.79	1.11	0.33	0.89	2.30	0.50				99.66
西周	河南洛阳	73.95	18.03	1.86	0.87	0.25	0.34	3.39	0.56	0.01	0.07		99.33
		77.61	16.74	1.22	1.10	0.27	0.47	2.58	0.17	0.06			100.22

* 数据来源于周仁等 . 中国古陶瓷研究论文集 [M]. 北京：轻工业出版社 .1983.165~187.

工艺特点：原始瓷的成型基本上和印纹硬陶差不多。原始瓷的装饰工艺以刻、拍、划为主，兼有堆贴等方法。原始瓷烧成温度比陶器高，经测试，新石器时代和商代陶器的烧成温度大多在1000℃以下，胎质松软；原始瓷的烧成温度则高达1200℃，其中陕西扶风周原出土的原始瓷片和山西侯马出土的东周原始瓷的烧成温度已达1280℃与1230℃±30℃。这些原始瓷胎壁烧结坚硬，不渗水，品质已接近近代瓷器。

原始瓷釉是世界上最早的高温釉，有光泽、透明洁净、便于洗涤，釉中CaO含量在15%以上，属于灰釉。釉色因含Fe_2O_3而呈青、青黄、褐色等。从无釉到有釉，是陶瓷工艺中的一项巨大进步，为瓷器出现奠定了工艺基础。

第三节　秦汉时期

在秦汉时期的陶瓷烧制遗址中，可以看出陶瓷由原始瓷向瓷器演进的整个过程。秦汉时期原始瓷手工业迅速发展，工艺技术不断提高，东汉中晚期，人们终于成功创烧出瓷器，使我国成为最早发明和生产瓷器的国家。

遗址：秦汉时期瓷器的产区主要在当今的浙江等地，另外湖南湘阴、江西丰城、江苏宜兴丁蜀镇也可能已建窑制瓷。其中，汉代生产瓷器的作坊遗址，迄今已发现的有浙江省绍兴市上虞区上浦镇龙池庙后山、小仙坛、大陆岙、凤凰山、联江乡帐子山、畚箕山、倒转背，余姚县柏家岭，慈溪市上林湖周家岙、桃园山，宁波市江北区八字桥、季岙、鸡步山、郭塘岙，宁波市鄞州区韩岭村谷童岙、上水乡老鼠山，横溪镇栎斜，永嘉县东岸村箬岙和德清县二都乡山坞、城关镇戴家山等20余处。此外，湖北省鄂州市鄂城区瓦窑嘴、湖南省岳阳市湘阴县安静乡青竹寺也可能有东汉到三国时期的窑址。

东汉瓷窑分布在长江流域南岸，其中以浙江最多，这里也是我国瓷器的主要发源地和东汉瓷器的主要产区。后来这些瓷窑分别发展成为我国历史上有名的越窑、瓯窑、德清窑与岳州窑。

代表：青瓷、黑瓷。多数瓷窑生产青瓷，部分瓷窑兼烧一部分黑瓷，个别瓷窑以生产黑瓷为主。

坯料：青瓷胎骨坚实呈灰白色，Fe_2O_3含量较低。黑瓷胎较粗，说明汉代瓷工已能熟练地配制原料，以优质的细泥做青瓷坯，较粗的坯料做黑瓷。

工艺特点：施釉方法以浸釉法为主，外壁施釉不及底，釉层均匀，胎釉结合紧密，少有脱釉现象。青瓷与黑瓷都以Fe_2O_3为着色剂，含量3%以下为青瓷，而含量在4%～9%或以上就可能烧出黑瓷，二者的生产工艺基本相同。

图1-5　秦代兵士陶俑（拍摄于秦始皇兵马俑博物馆）

表1-4 越窑青釉瓷胎的化学组成 *

时代	出土地点	化学组成（wt%）											
		SiO$_2$	Al$_2$O$_3$	Fe$_2$O$_3$	TiO$_2$	CaO	MgO	K$_2$O	Na$_2$O	MnO	P$_2$O$_5$	烧失	总量
东汉	上虞小仙坛	77.42	16.28	1.56	0.82	0.38	0.53	2.67	0.58	0.04			100.28
		76.07	15.94	2.42	1.06	0.24	0.57	2.59	0.55	0.02	0.08		99.54
		75.40	17.73	1.75	0.86	0.31	0.57	3.00	0.49				100.11
	绍兴车水岭	74.56	17.86	2.44	0.72	0.28	0.46	2.33	0.88	0.02	0.06		99.61
		75.96	16.85	2.63	0.78	0.35	0.46	2.33	0.92	0.03	0.05	0.07	100.43

* 数据来源于李家治. 中国科学技术史·陶瓷卷 [M]. 北京：科学出版社, 1998.

烧成温度是制作瓷器的关键因素，温度又与窑息息相关。汉代瓷窑多为龙窑。龙窑依山而建，头在前，尾在后，似俯冲的火龙，故称"龙窑"，也称"蛇窑"或"蜈蚣窑"。窑体较短，基本在 10 米以内。为扩大龙窑前后高程差，增加窑内的空气自然抽力，一般坡度很大，约为 20°，最大的达 31°。

窑具的创制和使用，是瓷器装烧工艺的重大进步。筒形、喇叭形等支具的使用，坯体垫装在龙窑内烧成的最佳位置，都使瓷器能达到正烧，大大提高了瓷器质量。

第四节 魏晋南北朝

东汉之后，我国历史经历了一段分裂时期，从魏到西晋、东晋，再到南朝和北朝对立。这一时期约 360 年，虽战乱纷纷，但与中原相比，江南还是较为安定的，因此，这一时期南方的瓷业有了很大的发展。越州窑、婺州窑、洪州窑、岳州窑等瓷窑（陆羽的《茶经》等文献记载了这些瓷窑创烧于汉或魏晋南北朝时期），在这一时期均得以发展，之后成为唐代名窑。公元 439 年，北魏拓跋焘统一了北方，社会逐渐安定，北朝的瓷业也有了较迅速的发展。北朝的瓷器数量较少，使用权仅限于统治阶级，创烧的瓷器多属于贵重的生活用品。

名窑： 浙江一带的越窑（越州窑的简称）、瓯窑、婺州窑、德清窑，江苏的南山窑，江西的洪州

图1-6 西晋镂空青瓷熏炉（江苏宜兴周处墓出土，大约制于西晋元康七年）

窑，福建的怀安窑、磁灶窑，湖南的湘阴窑。北朝时期迄今仅发现山东寨里窑、中陈郝北窑和朱陈窑。

代表：青瓷为主，也有黑瓷和白瓷。

坯料：李家治、周仁曾对我国早期南北方青瓷进行了研究，经过化学分析，得出该时期坯料中 SiO_2 的含量很高，Al_2O_3 的含量较低，在 15.65%～18.06%。坯中含有 2% 左右 Fe_2O_3 和 1% 以内的 TiO_2，在还原性气氛中，高价铁还原为低价铁，助熔作用增强，能够在较低温度下烧结。铁与钛都是着色剂，故瓷胎呈浅灰、灰色。

工艺特点：叠装法是这时期常采用的装烧工艺，由于坯料中 Al_2O_3 含量低，陶瓷烧制过程中易变形，所以坯壁制作得较厚。

第五节　隋唐时代

隋代历时仅 37 年，但它为之后的大唐盛世创造了条件。在陶瓷史上，隋也是一个新时代的开端，南北瓷业开始了飞跃性的发展，烧制的器物明显增多。从北朝到隋代，白瓷的烧制技术逐渐成熟。到了唐代，瓷器的普及使用使得瓷器烧造迅速发展。唐代瓷器品种造型新颖多样，制作精细远超前代，除了青瓷、白瓷之外，还有"釉下彩"和"花瓷"等新品种，"三彩陶器"也扬名世界。

名窑：主烧青瓷类——河南安阳窑、河北磁县窑、湖南湘阴窑、安徽淮南窑、江西丰城窑、四川成都窑、浙江越窑、四川邛窑、安徽寿州窑

主烧白釉、黑釉瓷类——河北邢窑、河北定窑、河南巩县窑、山西浑源窑、陕西铜川窑（耀州窑）

主烧釉下彩瓷——湖南长沙窑

主烧花瓷——河南郏县黄道窑、河南鲁山段店窑、河南禹县上白峪窑

代表：青瓷、白瓷、釉下彩瓷、花瓷、三彩陶器

表 1-5　越窑青釉瓷胎的化学组成 *

时代	出土地点	化学组成（wt%）											
		SiO_2	Al_2O_3	Fe_2O_3	TiO_2	CaO	MgO	K_2O	Na_2O	MnO	P_2O_5	烧失	总量
西晋	绍兴畚箕山	79.83	13.77	2.00	0.81	0.23	0.51	2.09	0.46	0.02	0.06		99.78
		80.65	12.61	1.98	0.85	0.22	0.44	1.88	0.45	0.02	0.06	0.72	99.88
东晋	绍兴馒头山	79.66	13.75	2.04	0.61	0.18	0.40	2.46	0.55	0.03	0.04		99.72
		79.18	14.13	2.09	0.65	0.24	0.48	2.43	0.63	0.02	0.04	0.37	100.26
南朝	绍兴凤凰山	75.18	16.99	2.45	1.05	0.44	0.66	2.01	0.66	0.02			99.46
		78.90	13.95	2.17	0.73	0.61	0.51	1.86	0.84	0.02	0.01	0.30	99.90

* 数据来源于李家治. 中国科学技术史·陶瓷卷 [M]. 北京：科学出版社，1998.

图1-7　唐三彩贴花壶

坯料：隋唐时期瓷泥经过淘洗加工，胎质细腻、质地坚硬，胎的颜色由于地域不同，颜色也不同，多为灰白色，少数为黄白色、青灰色和褐色。白瓷的胎色既有灰白色胎上施白色化妆土，也有不施化妆土的洁白的胎。

"三彩陶器"俗称"唐三彩"，它虽为陶器，但使用的坯料与一般的陶器不同，是白色黏土（高岭土）。

工艺特点：隋代早期的瓷器有明显的特点，瓷器里外施釉，外部施釉不及底，装烧工艺采用支钉叠烧，根据器物大小，支钉数量有三、五、七个不等，顶层面无支钉痕，明焰叠烧。隋代末期出现了匣钵装烧工艺，到唐代得以普及，并在此基础上成功烧制出了秘色瓷。

"三彩陶器"的釉料使用了数种金属氧化物为着色剂，主要有三种：CuO（绿色）、Fe_2O_3（黄褐色）、CoO（蓝色），并用铅作釉的熔剂，利用铅在高温下的流动性烧出黄、赭黄、翠绿、深绿、天蓝、褐红、茄紫等色调，斑斓绚丽。烧造工艺为两次烧成，先经 $1100 \pm 20\,^\circ\!C$ 素烧，然后在素坯上施釉，最后经 $900\,^\circ\!C$ 左右烧成。

表1-6　我国唐代各地瓷胎、陶胎的化学组成 *

时代	种类	出土地点	化学组成（wt%）										
			SiO_2	Al_2O_3	Fe_2O_3	TiO_2	CaO	MgO	K_2O	Na_2O	MnO	P_2O_5	总量
唐	青釉瓷	绍兴羊山	75.73	17.31	1.81	0.84	0.32	0.60	2.31	0.68	0.01	0.04	99.65
			76.20	16.44	2.37	0.78	0.28	0.57	2.37	0.66	0.01	0.01	99.69
		上林湖	73.78	18.75	2.02	0.86	0.39	0.52	2.44	0.67	0.02	0.06	99.51
			75.40	16.82	1.75	0.78	0.32	0.53	2.73	1.08	0.02	0.06	99.49
			75.24	16.82	2.07	0.86	0.36	0.63	2.52	0.92	0.02	0.07	99.51
	白釉瓷	邢窑	65.40	29.89	0.13	0.61	0.13	0.71	1.06	0.81	1.58		100.32
			61.37	35.02	0.17	0.57	0.38	0.54	0.85	0.54	1.01		100.45
	三彩陶	河南巩县	63.84	29.82	1.44	0.93	1.64	0.59	0.71	1.17			100.14
		陕西乾陵	65.90	27.85	1.15	1.21	1.48	0.55	1.32	0.51			99.97

* 数据来源于李家治. 中国科学技术史·陶瓷卷 [M]. 北京：科学出版社，1998.

第六节　宋代

五代时期是唐末藩镇割据局面的延续，陶瓷的风格、工艺也延续了晚唐时期，故从略。宋朝（960~1279 年）是中国历史上承五代十国、下启元朝的时代，分为北宋和南宋。宋开国之初为了避免唐末藩镇割据和宦官乱政的现象，采取重文轻武的施政方针。宋朝也是中国历史上经济与文化教育最繁荣的时代之一，两宋时期民族融合和商品经济空前发展，对外交流频繁，文化艺术发展迅速，是中国历史上的黄金时期。经济的高速发展也促进了宋代制瓷业的发展，所以宋代的造瓷地区得到进一步扩大，涌现出了"汝、官、哥、钧、定"五大名窑和八大名窑系。宋朝瓷器具有古朴深沉、素雅简洁，同时又品类繁多、釉色优美等特点，突破了"南青北白"的局面，其装饰手法和造型设计也更加丰富多样。现已发现的古代陶瓷遗址分布于全国 170个县，其中有宋代窑址的就有 130 个县，占总数的75％。因此，宋代是传统制瓷工艺发展史上一个非常繁荣昌盛的时期。

名窑及其代表：陶瓷史家通常将宋代陶瓷窑大致概括为 6 个瓷窑系，它们分别是：北方地区的定窑系、耀州窑系、钧窑系和磁州窑系；南方地区的龙泉青瓷系和景德镇的青白瓷系。这些窑系一方面受其所在地区使用原材料的影响而具有特殊性，另一方面又受当时的政治理念、文化习俗、工艺水平制约而具有共同性。

宋代有著名的五大名窑：汝、哥、官、定、钧，按体系分，分别有以下几种：

1. 青瓷体系

（1）**汝窑：**汝窑为宋代五大名窑之一，因地处河南汝州地区而得名。汝州地区有临汝窑、鲁山窑、

宝丰清凉寺汝官窑等窑址。汝官窑址发现的青釉瓷有四种：典型的天青汝官釉瓷、天蓝釉瓷、耀州窑的刻印花青瓷及汝钧釉瓷。

坯料：所用原料都是当地所产的黏土、长石及石英等，汝窑青釉瓷胎体大部分呈灰白色，少数呈淡灰色，这主要与烧成温度和气氛有关。

图1-8　宋汝窑天青釉弦纹樽

工艺特点：满釉支烧，器物底部均留几个支烧痕（至少 3 个，多的为 5 个），支痕点很小，明代张应文《清秘藏》称之为芝麻钉。釉色有天青、淡青、卵白、月白等。

（2）**官窑：**官窑也是宋代五大名窑之一，素有"旧官"与"新官"的分别，前者指北宋官窑，后者指南宋官窑。官窑窑口专为宫廷烧制瓷器，从北宋到南宋风格一脉相承，瓷器规整对称，高雅大气，做工一丝不苟，颇具宫廷气势。釉面多层反复细刮，釉光下沉而不刺眼，纹理布局规则有致，造型庄重大方。北宋官窑的窑址在何处一直是大家关心和讨论的问题，汴京官窑的说法也存在很大的争议。

坯料：胎土含铁量高，手感沉重，呈深黑褐色，后称"紫口铁足"。

图1-9 宋官窑贯耳瓶

工艺特点：釉层较厚，有粉青、炒米黄等多种色调，釉向下流淌故口沿釉薄，口露紫痕，称为"紫口铁足"。以冰裂鳝血为上，梅花片墨纹次之，细碎纹为最下也。

（3）**哥窑**：哥窑在何处烧造，至今仍有不同说法，但无论是在龙泉制作黑胎青釉瓷，还是在景德镇烧造瓷器的说法，都存有一定的争议。哥窑瓷器最大的特点是通体开片，开大片为"冰裂纹"，开细片为"鱼子纹"，极碎为"百圾碎"，若裂纹呈黑、黄两色，则称为"金丝铁线"。

坯料：哥窑瓷胎的特征成分为 Al_2O_3、TiO_2、

Fe_2O_3。其中 Al_2O_3、TiO_2 含量高是传世哥窑的特征。Al_2O_3 一般在 24%~29%，TiO_2 平均含量高于 1%。哥窑的存世品胎有薄有厚，胎质有瓷胎、砂胎；胎色有黑灰、深灰、浅灰、土黄等几种不同色调。龙泉青釉的胎有白色和黑色两种。龙泉窑梅子青釉要求胎白度高一些或白中略带灰，粉青釉要求胎色白中带灰，而黑胎青瓷则要求灰到灰黑色胎。

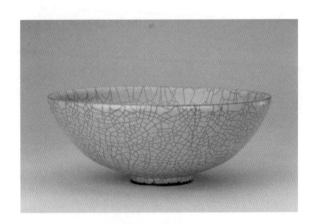

图1-10 宋哥窑碗

工艺特点：哥窑釉色有粉青、月白、油灰、青黄各色。龙泉青釉大体分为石灰釉和石灰碱釉两类，北宋为石灰釉，南宋为石灰碱釉。石灰釉在高温中黏度比较小，易流釉，釉层较薄；石灰碱釉在高温中黏度比较大，不易流釉，釉层较厚。粉青釉属于

表1-7 宋代汝窑瓷胎的化学组成 *

名称	化学组成（wt%）											
	SiO₂	Al₂O₃	Fe₂O₃	TiO₂	CaO	MgO	K₂O	Na₂O	MnO	P₂O₅	CuO	总量
汝官青瓷	65.30	27.71	2.20	1.24	0.56	0.42	1.86	0.17		0.10		99.56
	65.00	28.08	1.96	1.38	1.35	0.56	1.37	0.15				99.85
	64.50	27.29	2.18	1.36	1.80	0.60	1.60	0.40	0.014	0.07	0.001	99.82
临汝青瓷	64.11	29.44	1.97	1.14	0.54	0.41	1.64	0.29		0.10		99.64
	64.31	29.64	2.21	1.02	0.37	0.45	3.97	0.35		0.08		102.40

* 数据来源于李家治. 中国科学技术史·陶瓷卷 [M]. 北京：科学出版社，1998.

表1-8 宋代哥窑、龙泉窑瓷胎的化学组成 *

出土地点	化学组成（wt%）										
	SiO_2	Al_2O_3	Fe_2O_3	TiO_2	CaO	MgO	K_2O	Na_2O	MnO	P_2O_5	总量
元大都哥窑	63.04	27.03	3.55	1.33	0.11	0.69	3.33	0.54	0.01	0.17	99.8
	58.23	28.79	3.53	0.82	0.23	0.44	3.79	0.64		0.07	96.54
	58.72	28.95	3.36	0.73	0.19	0.39	3.74	0.60		0.14	96.82
	65.47	24.17	3.75	1.22	0.38	0.44	3.31	0.63		0.13	99.5
龙泉窑黑胎	64.12	25.63	4.61	0.95	0.57	0.44	3.20	0.35	0.06		99.93
	63.79	25.54	4.07	0.63	0.76	0.51	4.34	0.36	痕量		100.00
龙泉窑灰胎	77.22	16.67	2.10	0.15	0.14	0.29	3.00	0.17	0.04		99.78
	75.21	16.31	2.35	0.49	0.12	0.30	2.98	0.11	0.43		98.55

* 数据来源于李家治. 中国科学技术史·陶瓷卷 [M]. 北京：科学出版社,1998.

石灰碱釉，在还原气氛中能烧成青玉般的效果。而南宋梅子青釉烧成温度及玻化度均比粉青釉高。古龙泉窑烧成温度约在 1180~1230℃，梅子青釉则在 1250~1280℃。

（4）钧窑：即钧台窑，是在柴窑和鲁山花瓷的风格基础上综合而成的一种具有独特风格的瓷窑。受道家思想的深刻影响，其在宋徽宗时期达到高峰，工艺技术也发挥到极致。钧窑瓷器历来被人们称为"国之瑰宝"，在宋代五大名窑中以"釉具五色，艳丽绝伦"而独树一帜。宋代民间有"纵有家财万贯，不如钧瓷一片"的说法，可见当时钧瓷产生的轰动效应。

坯料：钧瓷是低温素烧、高温釉烧二次烧成的制品，坯体经素烧后，多次施釉，最终厚度可达3毫米。

工艺特点：河南宋钧瓷有三大特征：第一，全面施有乳光釉，呈鲜明的蓝色散射光。釉中含 Fe_2O_3 的青瓷，已与黑釉脱离了技术上的关系。第二，局部或全部以铜及其氧化物着色，产生红色斑块或全

部为紫红色釉。这是中国古瓷首创以铜着色的工艺，红釉也由此出现。第三，釉中含有许多微小的釉泡，少数在釉面成开口的棕眼，这些釉内的釉泡对钧瓷呈现的炫丽异光也起到了一定的作用。釉色多为紫红色，青中带红，灿如红霞。

图1-11 宋钧窑尊

2. 白瓷体系

（1）**定窑：**定窑是中国北方白瓷的中心，始于唐代，为邢窑的后继者，在五代时期就已经十分发达。窑址在今河北省保定市曲阳涧滋村及东西燕村，因宋代时属定州，故名。

坯料：定窑白瓷胎中含有较高的 Al_2O_3，具有我

表1-9 宋代钧窑瓷胎的化学组成 *

名称	化学组成（wt%）											
	SiO_2	Al_2O_3	Fe_2O_3	TiO_2	CaO	MgO	K_2O	Na_2O	MnO	P_2O_5	CuO	总量
钧窑天青	63.57	31.11	1.32	1.04	0.83	0.30	1.75	0.35				100.27
汝钧天青	65.86	25.17	1.97	1.30	0.42	0.42	1.94	0.30	0.01	1.10	0.33	98.82
汝钧青瓷	65.86	25.17	1.97	1.30	0.42	0.42	1.94	0.30	0.01	0.10		97.49

* 数据来源于周仁等 . 中国古陶瓷研究论文集 [M]. 北京：轻工业出版社 .1983.165-187.

国北方白釉瓷的特征。定窑窑址附近优质高岭土的储量较多，因而瓷胎的化学组成变化不大，基本上可以根据胎中 Al_2O_3 含量大于 30% 和小于 30% 分成两大类。定窑白釉瓷胎中化学组成的另一特征是含有较高的 CaO，这也是它和邢窑白釉瓷的一个共同特征。CaO 的存在既可以作为助熔剂，促使瓷胎烧结，又可以作为矿化剂，促进胎中莫来石的生成，有利于提高定窑瓷胎的机械强度。

工艺特点：定窑白釉瓷的烧成温度一般在1300℃左右，宋代要略高于金代。早在晚唐开创阶段，定窑白釉瓷的烧成温度即已达到1300℃，而邢窑白釉瓷在开创阶段的烧成温度较低。这说明定窑在开创初期即已继承了邢窑的高温技术成就。从晚唐和五代定窑白釉瓷的外观来看，仍是白中微泛青色，说明还是在还原气氛中烧成。这与其受邢窑的影响有关。但自北宋以后，定窑白釉瓷的釉色变为

白中闪黄。早期定窑均用匣钵装烧，不见有芒口碗，后期使用覆烧工艺，有芒口。

（2）磁州窑：磁州窑创烧于北宋中期，不久就达到鼎盛，南宋、元、明、清仍有延续。窑址在今河北省邯郸市峰峰矿区的彭城镇和磁县的观台镇一带，磁县宋代叫磁州，故名。磁州窑是我国北方最大的民窑，有"南有景德，北有彭城"之说。其陶瓷产品以白地黑花剔刻装饰最有特色。

坯料：磁州窑制胎原料主要采用大青土和白土。大青土和白土都为软质黏土，大青土中含有较多植物质和碳素之类的有机质，其塑性比白土好，但烧成时收缩率大，容易变形。而白土中所含 K_2O 和 CaO 量较少，即含有的熔剂量低，故两者相互补配，能制成更合用的瓷胎。其配合制胎的大致用量范围为：大青土用量为 70%~80%，白土则为 20%~30%。

工艺特点：磁州窑陶瓷的白色是在坯胎上施白色的化妆土，或施用白色的釉所形成，黑色则是使用黑褐色的釉彩，以彩绘、划刻、剔雕等技法进行巧妙地装饰，做出各种纹饰和图案而形成。如在白釉的釉上或釉下彩绘，有黑花、酱褐色花和茶色花等不同的色调。还有划花，即在已施好色釉的图案上进行划纹，进一步作更细的纹饰，划去黑色釉面，露出白底纹线，以增加美感。剔花则是按照设计好的图案将已在胎面上好的色釉层剔除一部分，显露图案纹样。剔掉的部分显露出白底，借以使图案更

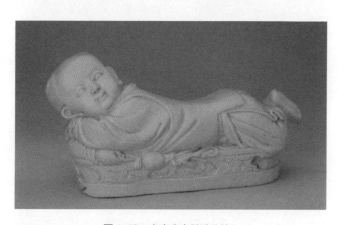

图1-12 宋定窑白釉孩儿枕

表1-10　宋代白瓷胎的化学组成 *

窑口	化学组成（wt%）										
	SiO$_2$	Al$_2$O$_3$	Fe$_2$O$_3$	TiO$_2$	CaO	MgO	K$_2$O	Na$_2$O	MnO	P$_2$O$_5$	总量
定窑	62.05	31.03	0.88	0.53	2.16	1.07	1.01	0.75	0.04		99.52
	65.63	28.22	1.04	0.86	1.00	0.70	1.77	0.55		0.07	99.84
	68.90	20.02	1.06		3.77	2.09	2.40	0.36			98.60
磁州窑	64.28	29.98	1.66	1.23	0.36	0.30	1.61	0.49			99.92
	61.02	32.01	2.17	1.82	0.32	0.38	1.84	0.44			100.00

* 数据来源于李家治 . 中国科学技术史·陶瓷卷 [M]. 北京：科学出版社 ,1998.

加凸出显明。刻填则是将部分色釉面进行雕刻，在雕除的纹理处再填以白釉或其他色釉进行装饰。由此可见，磁州窑的装饰技法和类型是很多样的，有时利用这些装饰技法组合在一件瓷器上，能使瓷器更具特色，而显示出磁州窑的风格。至于磁州窑的器型，则种类更多，极具特色。

3. 黑瓷系

（1）**建窑**：窑址在福建建阳县水吉镇，以毫釉和斑釉闻名于世，其中曜变斑釉最为珍贵。宋代建窑的突然兴起与宋代上层社会饮茶、斗茶风尚有直接关系。宋代斗茶用半发酵的膏饼，先把膏饼碾成细末放在茶盏内，再沏以初沸的开水，水面浮起一层白沫，用黑盏盛茶更便于观察茶沫的白色。这种

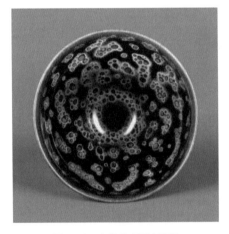

图1-13　宋代建窑曜变斑盏

风尚由帝王引领，上行下效，不仅促成建窑黑盏的大量生产，也让更多的瓷窑开始烧制黑釉茶盏。

坯料：建窑兔毫盏的胎中含铁量高达9%，高温

表1-11　我国宋代建窑瓷胎的化学组成 *

名称	化学组成（wt%）										
	SiO$_2$	Al$_2$O$_3$	Fe$_2$O$_3$	TiO$_2$	CaO	MgO	K$_2$O	Na$_2$O	MnO	P$_2$O$_5$	总量
鹧鸪斑盏	66.28	22.65	7.25	1.26	0.05	0.42	2.15	0.03	0.03	0.12	100.25
	65.23	23.10	7.78	0.52		0.64	4.17	0.28			101.72
油滴盏	65.10	21.90	8.20	1.10	0.10	0.40	2.10	0.40	0.07	0.20	99.57
	66.20	21.20	7.60	1.30	0.10	0.50	2.00	0.40	0.06	0.20	99.56

* 数据来源于周仁等 . 中国古陶瓷研究论文集 [M]. 北京：轻工业出版社 .1983.165-187.

时胎中有部分铁质熔入釉中，对兔毫的形成有一定的影响。

工艺特点：窑工们利用釉中所含氧化金属的呈色原理和窑温火焰的机理，烧出了富有变化的结晶釉或窑变花釉。有的在黑色釉底上呈现出条状和油滴状结晶，有的烧出窑变花釉，有的把剪纸图案烧在釉内，还有的会在黑釉上用刻花、划花、剔花、印花等装饰技法予以美化。在黑釉上烧出闪耀银光，细如兔毛的结晶釉，是建窑最富特色的产品。

（2）吉州窑：吉州古窑兴于晚唐，盛于两宋，因地得名，窑址在江西吉安县。吉州窑产品精美丰富，尤以黑釉瓷（亦称天目釉瓷）产品著称，其独创的"木叶天目""剪纸贴花天目"和"玳瑁天目"饮誉中外。洒釉、虎皮天目等也是吉州窑的标志性品种。

坯料：吉州天目的胎中 Al_2O_3 含量比较高，一般在 20% 以上，有的甚至高达 30%。SiO_2 含量也高，在 60%~70% 之间波动。熔剂含量也比我国一般的古

图 1-14　南宋吉州窑釉上贴花双凤纹盏

陶瓷高，有利于胎体烧结。胎体多呈灰白或灰黄色。

工艺特点：在南宋时期与建窑一样受到斗茶风尚的需求影响，大量烧制黑釉茶盏。装饰技法多种多样，出现了树叶纹、剪纸纹、彩绘纹等纹饰，以及剔釉、剔釉填绘和玳瑁釉等。烧瓷的品种有黑釉、酱釉、青釉、白釉、白釉褐色彩绘、白釉红绿彩绘、绿釉、酱黄釉等，以黑釉、白釉所占比重最大，白釉褐色彩绘次之，绿釉又次之。烧成温度为 1250~1280℃。

表 1-12　宋代吉州窑瓷胎的化学组成 *

名称	化学组成（wt%）										
	SiO_2	Al_2O_3	Fe_2O_3	TiO_2	CaO	MgO	K_2O	Na_2O	MnO	P_2O_5	烧失
兔毫盏	70.41	21.27	1.35	1.16	0.02	0.26	4.65	0.24			1.25
	67.24	23.18	1.60	0.72	0.01	0.35	5.27	0.28	<0.01	0.09	
玳瑁盏	68.08	22.63	1.25	1.01	0.03	0.30	5.59	0.28			1.24
	67.54	22.92	1.34	0.73	0.01	0.34	5.28	0.29	<0.01	0.07	
鹧鸪斑盏	65.00	4.36	2.91	0.78	0.02	0.35	4.66	0.26	0.01	0.09	
	65.59	22.59	1.34	0.72	0.03	0.28	5.52	0.32	<0.01	0.10	
纯黑盏	63.27	29.49	1.33	0.67	0.02	0.24	5.70	0.34	<0.01	0.08	

* 数据来源于李家治. 中国科学技术史·陶瓷卷 [M]. 北京：科学出版社,1998

第七节　元代

元代历史从至元八年（1271 年）蒙古族元世祖忽必烈建立元朝开始，到洪武元年（1368 年）秋明太祖朱元璋北伐攻陷大都为止，统治时间只有九十余年，而且又连年混战，所以从整体上看，元代陶瓷业基本承袭了前代旧制，没有太多发展。但对于江西景德镇而言，情况却大不一样，元代是一个极其重要的时期。首先是制胎原料的进步，提高了烧成温度，减小了器物的变形。其次是元代青花、釉里红的出现，使中国的瓷器装饰艺术进入了一个崭新的时代。最后是颜色釉的成功烧制，高温烧成的卵白釉瓷（因器物上有"枢府"二字也习惯称"枢府瓷"）、红釉、蓝釉等，标志着当时人们已经熟练掌握各种呈色剂的使用。元代景德镇窑取得的成就，为明清两代该地制瓷工艺的高度发展奠定了基础，景德镇也因此在日后成为全国制瓷中心。

坯料：元代的景德镇白瓷坯料配方由一元的瓷石配方发展为瓷石、高岭土的二元配方，提高了坯料的 Al_2O_3 的成分，也使白瓷的胎质有了显著提高。

工艺特点：元代景德镇瓷器在陶瓷装饰历史上

图 1-15　元代青花牡丹纹梅瓶（拍摄于景德镇中国陶瓷博物馆）

有着划时代的意义。青花瓷精美成熟，让人赞叹，釉里红也伴着青花瓷大放异彩。元代釉里红以 CuO 为呈色剂，绘画在瓷的胎上，盖一层透明石灰质青白釉，入窑烧制而成，烧成中要求强还原气氛和适当的温度控制。元釉里红呈现红紫、黑灰、晕散等变化，主要是因为还原气氛强弱、烧成温度高低造成的。

表 1-13　中国元代各地瓷胎的化学组成 *

名称	窑口	化学组成（wt%）										
		SiO₂	Al₂O₃	Fe₂O₃	TiO₂	CaO	MgO	K₂O	Na₂O	MnO	P₂O₅	总量
青花	景德镇窑	72.75	20.24	0.93	0.53	0.24	0.15	2.87	1.78	0.08	0.04	99.61
		72.64	21.08	0.97		0.20	0.18	2.69	1.52	0.03	0.09	99.4
		71.95	20.75	0.84	0.12	0.15	0.16	2.73	2.76	0.09	0.05	99.6
	云南玉溪窑	80.76	15.52	0.94	1.35	0.01	0.32	1.36	0.13	<0.01	0.03	100.42
		80.59	14.99	0.97	1.37	0.01	0.43	2.09	0.15	<0.01	0.03	100.63
	浙江江山	77.51	15.49	1.64	0.19	0.09	0.29	4.65	0.15	0.05		100.06

*数据来源于李家治.中国科学技术史·陶瓷卷 [M]. 北京：科学出版社,1998

第八节　明清时期

陶瓷行业从宋代的百花齐放经过元代过渡，到了明清时期，形成了景德镇陶瓷独树一帜的局面。明代中期以后，景德镇瓷器几乎占据了全国的主要瓷器市场，明代宫廷在景德镇设立御窑厂，也使这里成为御用瓷的主要供应产地，不仅数量大、品种多，且质量高、销路广。这一时期，青花瓷器在元代的基础上又有了新的发展，成了景德镇乃至全国瓷器生产的主流；借力于白瓷质量的提高，以及颜料和彩绘技术的改进和提高，各种彩瓷更加绚丽多彩，如：成化斗彩、嘉靖、万历、康熙五彩，以及清代的粉彩、珐琅彩等；红、蓝、黄、绿、黑等各种高温和低温单色釉瓷和仿古瓷更是色彩纷呈。尤其是明清时期官办御器厂的瓷器制品，更是繁丽至极，对这一时期制瓷工艺的提高、瓷器品种的发展，都有着不容忽视的引领和促进作用。

坯料：明清时期瓷胎主要采用高岭土和瓷石，只是它们之间的配比有所变化，如洪武、永乐、万历青花瓷胎的配料中，高岭土的掺入量低于宣德和成化时期的青花瓷胎，而瓷石的配入量则相反。

工艺特点：明、清各个时期的瓷器，如青花瓷、

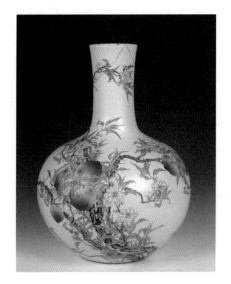

图 1-16　清康熙粉彩九桃图瓶（拍摄于景德镇中国陶瓷博物馆）

颜色釉、青瓷、洒蓝釉瓷、釉上彩绘瓷等，内容丰富，既有共同风格，又各具特点。不同时期、不同品种的瓷器工艺特点也不同，如明代洒蓝釉为二次施釉，先高温 1250℃烧制成白胎，再施洒蓝釉中温 1100℃烧成；清代的洒蓝釉则为一次高温烧制而成。明清时期瓷器多为还原焰高温烧制，釉上彩绘瓷为二次烧制，先高温烧白瓷，再釉上绘画后低温烤花而成。

表 1-14　明清时期景德镇窑瓷胎的化学组成 *

时代	名称	化学组成（wt%）										
		SiO$_2$	Al$_2$O$_3$	Fe$_2$O$_3$	TiO$_2$	CaO	MgO	K$_2$O	Na$_2$O	MnO	P$_2$O$_5$	总量
明	洪武青花	75.50	18.11	0.91	0.07	0.21	0.23	3.25	1.84	0.05		100.17
	永乐青花	75.32	19.90	0.92	0.12	0.11	0.16	2.97	0.64	0.03		100.17
	宣德青花	72.84	19.03	0.60	0.28	0.75	0.30	3.11	3.54+			100.46
	成化青花	73.66	21.24	0.59	0.09	0.12	0.15	3.12	0.60	0.02	0.02	99.61
	嘉靖青花	73.38	18.49	1.24	0.19	1.21	0.18	3.30	1.00	0.49	0.03	99.51
	万历青花	73.59	19.61	0.87		0.46	0.17	3.46	1.95	0.07		100.18

续表

时代	名称	化学组成（wt%）										
		SiO_2	Al_2O_3	Fe_2O_3	TiO_2	CaO	MgO	K_2O	Na_2O	MnO	P_2O_5	总量
清	康熙青花	68.67	25.82	0.83		0.36	0.11	3.04	1.54	0.09	0.08	100.54
		65.76	28.57	0.84	0.05	0.50	0.12	3.22	0.83	0.09	0.10	100.08
	雍正青花	70.22	22.97	0.81	0.31	0.68	0.11	3.49	1.18	0.08		99.85
	乾隆青花	70.38	24.10	0.82		0.66	0.15	3.33	0.69	0.07		100.20

* 数据来源于李家冶.中国科学技术史·陶瓷卷 [M]. 北京：科学出版社,1998

第二章　原　料

第一节　原料的分类

陶瓷制品所用原料大部分是天然的矿物或岩石，其中多为硅酸盐矿物。这些原料种类繁多，资源蕴藏丰富，在地壳中分布广泛，为陶瓷工业的发展提供了有利的条件。早期的陶瓷制品均是用单一的黏土矿物原料制作的，后来，随着陶瓷工艺技术的发展及对制品性能要求的提高，人们逐渐在坯料中加入其他矿物原料，即除了用黏土作为可塑性原料外，还适当添入石英作为瘠性原料，添入长石以及其他含碱金属及碱土金属的矿物作为熔剂性原料。目前，陶瓷原料的分类尚无统一的标准。

一般按原料的工艺特性划分，可分为可塑性原料、瘠性原料、熔剂性原料。

1. 可塑性原料

可塑性原料的矿物成分主要是黏土矿物，如高岭土、多水高岭土、膨润土、瓷土等。可塑性原料在生产中主要起塑化和结合作用，它赋予坯料可塑性和注浆成形性能，保证干坯强度及烧后的各种使用性能，如机械强度、热稳定性、化学稳定性等。可塑性原料是成形能够进行的基础，也是黏土质陶瓷的成瓷基础。

2. 瘠性原料

瘠性原料**又称为非可塑性原料**或减粘原料。瘠性原料的矿物成分主要是非可塑性的硅、铝的氧化物及含氧盐，如石英、叶蜡石、黏土煅烧后的熟料、废瓷粉等。瘠性原料可以降低坯料的粘性，降低制品的干燥收缩率，缩短干燥时间并防止坯体变形。

3. 熔剂性原料

熔剂性原料（如长石、方解石、硅灰石）可在高温下熔融，并形成粘稠的玻璃熔体，是坯料中碱金属氧化物的主要来源。熔剂性原料能够降低陶瓷坯体的烧成温度。同时，熔体能填充各结晶颗粒之间的空隙，增加坯体的致密度。

根据原料来源可分为天然矿物原料和化工原料，前者是天然岩石或矿物。天然矿物原料由于成矿环境的复杂，不能以单一、纯净的矿物存在，往往共生或混入不同的杂质，因此只使用天然矿物原料已不能满足陶瓷工业生产的要求。随着陶瓷工业的发展，新型陶瓷材料及新的品种不断涌现，对化工原料的品种及数量的要求也愈来愈多。例如：配制色坯、色釉、制品的表面装饰都需要化工原料；某些功能陶瓷材料以及具有耐高温、高硬度、高强度的结构陶瓷材料等都需要使用纯度较高的化工原料。化工原料是指将天然矿物原料通过化学方法或物理方法进行加工提纯，使化学组成得以富集，以达到一定性能和纯度要求的原料。

根据原料用途，可分为坯用原料、釉用原料、色料以及颜料。

1. 坯用原料：瓷坯坯料制备所用原料；

2. 釉用原料：釉料制备所用原料；

3. 色料：以过渡金属、稀土金属或其他金属为发色元素，以某种晶型为载色母体的人工合成的用于陶瓷着色的矿物；

4. 颜料：由色料和熔剂两部分混合而成的有颜色的无机陶瓷装饰材料，其中熔剂约占总量的 70 wt% 以上。

根据原料的组成分类，将其分为黏土质原料、硅质原料、长石质原料、钙质原料、镁质原料、有机原料等。

一般来说，根据原料的工艺性能分类较为普遍，除了这些原料外，陶瓷生产中还需要其他的一些辅助材料，主要是石膏和耐火材料，以及各种添加剂，如助磨剂、助滤剂、解凝剂、增塑剂和增强剂等。

第二节　黏土类原料

一、黏土的定义、成因与分类

1. 定义

黏土是多种微细的矿物混合体，其矿物粒径多数小于 $2\mu m$。黏土矿物的成分主要是高岭石、多水高岭石、蒙脱石和水云母等，伴有石英、长石以及一些有机物。黏土类原料是陶瓷生产的基础原料，也是硅酸盐工业的主要原料之一。其主要原因是黏土具有可塑性，与水调和后能形成可塑泥团，能塑造成形，干燥后具有一定的强度，煅烧后会变得致密坚硬。黏土的这种性能构成了陶瓷生产的工艺基础及使用性能。黏土除了可塑性强外，通常还具有较高的耐火度，良好的吸水性、吸附性及膨胀性等特性。

2. 成因

产生黏土矿物的地质循环：

（1）岩石通过地质构造作用被带到地表。

（2）岩石在大气侵蚀和风化下形成残余黏土，即一次黏土。

（3）在风和水的作用下，一些黏土发生搬迁，生成二次黏土即球土。

（4）黏土矿物沉积下来，并发生岩化作用，形成燧石。

（5）发生变质作用，整个循环结束，生成瓷石、蜡石、滑石等。

3. 分类

（1）按成因分类

①原生黏土（即一次黏土或称残余黏土）：含母岩矿物和铁质较多，颗粒较粗，耐火度高、可塑性差。

②次生黏土（亦称二次黏土或沉积黏土、球土）：颗粒较细，夹带有机物和其他杂质，可塑性强、耐火度低、常显色。

（2）按可塑性分类

可塑性指数：表示黏土能形成塑性泥团的水分变化范围；

可塑性指标：反映黏土泥团成型性能的好坏。

①强可塑性黏土（又称软质黏土）：其分散度大，多呈疏松状、板状或页状，如膨润土、木节土、

球土等。可塑性指数 > 15% 或可塑性指标 > 3.6。

②中等可塑性黏土：其分散度较小，如叶蜡石、瓷石。可塑性指数 7% ~ 15% 或可塑性指标 2.5 ~ 3.6。

③低可塑性黏土（又称硬质黏土）：其分散度小，多呈致密块状、石状，如焦宝石、碱石等。可塑性指数 1% ~ 7% 或可塑性指标 < 2.5。

④非塑性黏土：可塑性指数 < 1%。

（3）按耐火度分类

①耐火黏土：耐火度在 1580℃ 以上，较纯，火烧后多呈白色、灰色或淡黄色，是细陶瓷、耐火制品、耐酸制品的主要原料。

②难熔黏土：耐火度在 1350 ~ 1580℃，含杂质在 10% ~ 15%，可作生产炻瓷器、陶器、耐酸制品、装饰砖及瓷砖的原料。

③易熔黏土：一般耐火度在 1350℃ 以下，含有大量的杂质，其中危害最大的是黄铁矿，在一般烧成温度下，它能使制品产生气泡、熔洞等缺陷，多用于生产建筑砖瓦、粗陶等制品。

二、黏土的组成

黏土的组成通常是指化学组成、矿物组成和颗粒组成。

1. 化学组成

黏土是含水铝硅酸盐矿物的混合物。纯单矿物的黏土矿物样品是很难找到的，即使在沉积岩层中只有一种黏土矿物类型的情况下，由于非黏土矿物的存在，也使得组成复杂起来。所以黏土矿物的化学组成仅是一个平均值。其主要化学成分为 SiO_2、Al_2O_3 和结晶水。由于矿物形成的地质条件的不同，还会含有少量的碱金属或碱土金属氧化物和着色氧化物（Fe_2O_3、TiO_2）等。不同成因的黏土，其基本化学组成和杂质含量是不同的。例如，风化残积型黏土矿床一般 SiO_2 含量高，而 Al_2O_3 含量低，铁量高于钛，富含游离石英及未风化的残余长石，化学组成及矿物组成很不稳定。海陆交替相沉积黏土及浅海相沉积黏土多为硬质黏土岩，极少为半软质的，Al_2O_3 含量高而 SiO_2 含量低，铁、钛含量普遍偏高。热液蚀变型黏土的铝含量高、硅含量低，钛和碱含量都低，但常含有少量黄铁矿、明矾石等含硫杂质。

黏土的化学组成在一定程度上反映其工艺性质。因此，根据黏土的化学组成可以初步判断其质量。黏土中 SiO_2 含量变化很大，除以胶体状态存在的 SiO_2 外，还有较多游离状态的结晶 SiO_2 石英砂。石英砂越多，黏土的可塑性越低，但干燥和烧成收缩越小。若黏土中 Al_2O_3 含量高（如在 35% 以上）时，通常属高岭石类黏土，该类黏土耐火度较高，难于烧结。MgO、K_2O、Na_2O、CaO 等碱金属和碱土金属氧化物具有与 SiO_2、Al_2O_3 在较低温度下熔融成玻璃态物质的特性，因此，在分析时，如果这类氧化物的含量高，可以判定该种黏土易于烧结，烧结温度也低。如果 Al_2O_3 含量高，而同时 K_2O 等碱性成分含量又低，则可判定这种黏土比较耐火，烧结温度也高。黏土中 Fe_2O_3 和 TiO_2 的含量会影响烧成后产品的颜色。各种陶瓷原料的组成在生产上有重要的指导意义，它可以帮助我们初步判断工艺性能，提供配料的依据。若铁的氧化物含量少于 1%、TiO_2 含量小于 0.5%，则烧后坯体仍呈白色；若 Fe_2O_3 含量在 1%~2.5%、TiO_2 含量在 0.5%~1% 时，则坯体烧后的颜色为浅黄或浅灰色；若 Fe_2O_3 和 TiO_2 含量继续增高时，坯体颜色会成红褐色。细分散的铁的化合物还会降低黏土的烧结温度，超过一定数量时，坯体在煅烧时会起泡。钙和镁的化合物会降低黏土的耐火度，缩小烧结温度范围，过量时同样会引起坯泡。灼烧减量大于15%，则说明黏土含有机杂质较多，可使坯体呈灰褐色至紫黑色，且吸水性强，其可塑性一般比较高，干燥后生坯强度大，但收缩也较大。应当指出，黏土原料的化学组成并不能完全反映矿物的类质同像取代、离子交换能力和吸附性等性能。矿石中混有各种黏土矿物及其他硅酸盐矿物也难以从化学组成上加以区别，所以不能仅依据原料的化学组成对其作出工业应用的评价。

2. 矿物组成

黏土中的主要矿物有高岭石类（包括高岭石、多水高岭石等）、蒙脱石类（包括蒙脱石、叶蜡石等）和伊利石类（也称水云母）三种。黏土中有益的杂质矿物为石英、长石等，有害的杂质矿物为碳酸盐、硫酸盐、金红石等。

3. 颗粒组成

颗粒组成是指黏土中含有不同大小颗粒的体积百分含量。颗粒细度会影响陶瓷坯料的一些工艺性能。黏土矿物中高岭石颗粒较粗、蒙脱石颗粒最细，石英、长石等矿物多半在粗颗粒中。黏土颗粒小于$1 \mu m$属于微晶高岭石，比表面积大，表面能也大，导致黏土可塑性高，收缩大，生坯强度高，耐火度低。黏土粗颗粒主要为石英和母岩残骸，其性能同上相反。

三、黏土的工艺性能

1. 可塑性

黏土的可塑性对生料成球影响较大。可塑性好的黏土，生料容易成球，料球质量也好。含适量水分的黏土泥团，在外力作用下产生变形而不开裂，除去外力后仍保持其形状不变，这种性质称为可塑性。向黏土中加水时，加水量不足则不能形成可塑性软泥，容易散碎，水量过多，又会变得粘糊。当黏土既容易成形又不粘手时，可塑性最佳，此时的泥团称为标准工作泥团，黏土中含水量叫作可塑水量。可塑性是黏土的主要工业技术指标，是各种陶瓷制品的成型基础。到目前为止，尚无直接物理量可用来确定可塑性，一般常用可塑性指数、可塑性指标来反映可塑性大小。

可塑性指数 = 液限含水量 − 塑限含水量

塑限含水量：由固体状态进入塑性状态的最低含水量。

液限含水量：由塑性状态进入流动状态的最高含水量。

可塑性指数的大小可以看出黏土塑性成型时适宜含水量的范围，黏土可塑性越好，其可塑性指数越大。可塑性指数大则成型水分范围大，成型时不易受周围环境湿度及模具的影响，成型性能好。但可塑性指数小，泥浆厚化度大、渗水性强，利于压滤榨泥。

可塑性指标 = 泥团最初出现裂纹时应力 × 此时的应变量

可塑性指标是将需要试验的黏土加水捏练后制成圆球，然后在上面加压至泥球发现开裂即止。可塑性指标越高，黏土的成型性能越好。

泥团的组成包括固相颗粒、液相和少量气相。固相颗粒包括黏土矿物组成的种类及细度。黏土的矿物组成不同，可塑性不同。蒙脱石类黏土较高岭石类、伊利石类黏土的可塑性好，蒙脱石＞多水高岭石＞高岭土、伊利石，水铝英石含量高，则可塑性好。黏土颗粒细度不同，可塑性也不同。对于同样的黏土，其颗粒越细，分散程度越大，比表面积越大，可塑性就越好。板状、短柱状的黏土可塑性好。黏土中水的含量和有机物含量也会影响黏土的可塑性。黏土与水之间，必须按照一定的数量比配合，才能产生良好的可塑性。水量不够，可塑性体现不出来或者不能完全体现。黏土中有机物含量越高，可塑性越好。

提高坯料可塑性的措施：

（1）淘洗或长期风化：即除去非塑性物质或风化细化；

（2）湿黏土或坯料长期陈腐；

（3）泥料经过真空处理，减少气泡；

（4）加入适量的强塑性黏土；

（5）加入适量胶体物质。

降低坯料可塑性的措施：与上述操作措施相反，或将黏土煅烧。

2. 结合性

黏土能粘结一定细度的瘠性物料，形成可塑泥团并有一定干燥强度，这种性质称为结合性。结合性是坯体进行干燥、修坯和上釉等工序的基础，也是配料调节泥料性质的重要因素。黏土的这种结合力，在很大程度上是由黏土矿物的结构决定的。在实际生产中，黏土的结合性更具有现实意义。通常可塑性强的黏土，其结合性也大。黏土的结合性通常以能够形成可塑泥团时所加入标准石英砂（颗粒组成为0.25~0.15mm 占 70%，0.15~0.09mm 占 30%）的量及干后弯曲强度来反映。

3. 离子交换性

在水溶液中，黏土表面原吸附的离子可被其他具有相同电荷的离子所置换，这种性质称为黏土的离子交换性。离子交换性产生的原因是黏土颗粒表面断键或晶格内部的离子被置换，则颗粒表面带电，必须吸附异电荷来平衡。黏土交换性受到黏土的种类和其结晶程度、有机物的含量、吸附离子的种类

等的影响。

4. 触变性

泥料（泥浆或泥团）受振动或搅拌后其黏度降低而流动性增大，静置后恢复原状（变稠或固化），这种性质称为黏土的触变性。触变性又称为稠化度和厚化度。其产生的原因是因泥浆中细小颗粒在静止状态时形成一种网状结构，颗粒间空隙增大，水分充斥在构架之间，经振动或搅拌，构架结构被破坏，水分重新析出而获得流动性。触变性产生的原因如图 2-1 所示。

充分搅拌　　　　　静置后的触变结构

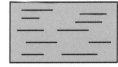

受振动后触变结构被破坏

图 2-1　泥浆触变性产生示意图

黏土颗粒主要是带负电，但在活性边面上尚残留少量正电荷，形成局部边—面或边—边结构，组成三维网状结构（卡片结构），这种结构会将大量自由水包裹在其中，形成疏松而不活动的空间架构。但这种结构很不稳定，只要稍微加点剪切应力，就能破坏这种结构，而使包裹的大量的"自由水"释放，泥浆流动性又恢复，一旦静止，三维网状结构又重新建立。

黏土的触变性直接影响排出余浆后浆面的光滑程度，同时也对湿坯体的性能、产品质量等有一定的影响。触变性过大的泥浆在成型中会很快凝聚，造成坯体各部薄厚不均，表面不平，坯体脱模时产生变形或开裂，同时也不利于对泥浆进行管道输送。触变性过低时，成坯速度减慢，会降低生坯强度，

影响脱模和修坯的操作。通常泥浆的触变性控制在 1.2~1.5。不同的使用环境，对泥浆的触变性要求不同。比如泥浆输送时要求触变性小，生坯变形时要求触变性小，成型时能快速脱模则要求触变性大。

5. 干燥收缩和烧成收缩

塑性泥料经过110℃左右的干燥后，自由水和吸附水相继排出，颗粒之间的距离缩短而产生的收缩称为干燥收缩，可分为线收缩、面收缩和体积收缩。坯体烧结后，由于黏土中产生了液相填充以及某些结晶物质生成等一系列物理化学变化又使体积进一步收缩，称为烧成收缩。坯体在加工成制品的过程中所产生的收缩为总收缩。值得注意的是，总收缩并不等于干燥收缩与烧成收缩的简单数值之和。

测定收缩率是制造模具的依据，在设计坯体尺寸、石膏模型尺寸时都应考虑：过大的收缩率会导致有害应力，出现产品开裂，因而测定收缩率可作为配方调整的依据。此外，水平收缩与垂直收缩也是有差异的。

6. 烧结温度和烧结温度范围

当黏土被加热到一定温度时，由于易熔物的熔融开始出现液相，液相填充在未熔颗粒之间的空隙中，靠其表面张力作用的拉紧力，使黏土的气孔率下降，密度提高，体积收缩，变得致密坚实，在气孔率下降到最低值，密度达到最大值时的状态称为烧结状态。烧结时的对应温度称为烧结温度，烧结温度因黏土而异，一般低于熔融温度几十度至几百度不等。较低的烧结温度有利于节约能源和生产成本。

在温度继续升高时，黏土（或坯料）中液相急剧增多，以致不能维持原有形状而产生变形时的最低温度称为软化温度。从烧结温度到软化温度间的温度范围称为烧结温度范围。较宽的烧结温度范围便于控制实际生产。较高的软化温度可减少产品变形。在传统的陶瓷生产中，由于窑炉温差较大，因此黏土的烧结温度范围最好能宽些，在100~150℃为宜。

7. 耐火度

耐火度是用于表征黏土抵抗高温作用而不致熔化的性能。

陶瓷耐火材料的高温荷重软化温度是表征陶瓷耐火材料对高温和荷重同时作用的抵抗能力，也表征陶瓷耐火材料呈现明显塑性变形有软化温度范围，这是表征陶瓷耐火材料高温机械性能的一项重要指标。因此，正确地测定陶瓷耐火材料的荷重软化温度对生产部门选择材料、改进工艺条件以及合理选用陶瓷耐火材料都具有重要意义。

黏土原料可按其耐火度区分为以下几种：易熔黏土（耐火度低于1300℃）、难熔黏土（耐火度在1300~1580℃）、耐火黏土（耐火度高于1580℃）。

黏土的耐火度主要决定于原料组成，可根据铝硅比来判断，铝硅比越大，耐火度越高，烧结温度范围越宽。

四、几种主要黏土的性质

1. 苏州土

产于江苏苏州，外观多为白色，质地细腻滑润，加水不易崩解，因含铁量少，烧后白度可达90%以上。但因它除含有片状结构的高岭石外，还含有杆状结构的高岭石，因此它和一般高岭土的性质不完全相同，如，泥浆含水量很大，干燥气孔率和烧成收缩都很高，而干燥强度却低，所以容易引起变形和开裂，使用时应与其他黏土相配合。

苏州土是陶瓷制品的优质原料，在卫生陶瓷坯料中一般用量较多。随着我国国民经济的发展，国防及其他重要工业生产都会用到苏州土，因此苏州土的工业价值和经济价值都很高，需求量也将越来越大。为了保证重点工业的发展，近年来，陶瓷工作者多采用其他原料来代替苏州土。

2. 大同土

产于山西大同，为一种硬质高岭土。外观为黑色块状，可塑性弱，因其含铁量少，烧后白度可达90%以上。因有机物含量多，烧后气孔率大，故有时采用其熟料。

3. 紫木节土

主要产于河北唐山，外观为肝紫色、褐色或黑色，烧后色淡黄，呈土状或层状，质地细腻，含有较多的有机物质，可塑性很强，稀释性能好，干燥强度大，是制作卫生陶瓷制品的优质粘性原料。

4. 阳泉土

又名阳泉白砑。外观为白色或浅红色，断面细腻光润，有滑腻感，加水不易崩解。它具有较好的可塑性，是一种结合性很高的黏土，有利于大型卫生陶瓷制品的成型。但因其烧成收缩大，一般含铁量也较高，故加入量不宜过多。

5. 碱砑

产于河北唐山，外观为浅紫色。物理性能与紫木节土近似，属于纯度较高的紫木节土。从外观结构上分析紫木节土为多土状或层状，而碱砑多为鳞片状。

6. 彰武土

产于辽宁彰武。含硅量较高，外观为青白或淡黄白色，块状或土状，可塑性及稀释性好，抗折强度较高，泥性较柔软，在坯料中，能改善泥浆的成型性能。但因所含钾、钠和铁的成分较多，故耐火度较低，在1450℃左右煅烧后色发黄，不宜过多采用。

7. 膨润土

产于辽宁义县等地。外观为淡黄白色，加水后立即膨胀而崩解，颗粒极细，粘结力很大，是一种强可塑性黏土。坯料中加入适量的膨润土，可以显著增加其干燥强度。但其软化温度低，一般在1200～1400℃，而且收缩率大，因此使用量一般在3%以下。加入量过多时会影响泥浆流动性。

8. 章村土

产于河北邢台。外观呈灰白、浅黄绿色，块状或片状断面呈贝壳状，稍有可塑性，磨细后可以稀释。章村土中硅的含量在45%～47%，铝含量在36%～38%，钾、钠含量在8%～9%，属于水云母类矿物。在坯料配方中既能作为黏土使用，又能代替长石作为熔剂原料使用。为了减少坯体收缩，有时采用部分熟料。

9. 叶蜡石

化学式为 $Al_2O_3 \cdot 4SiO_2 \cdot H_2O$（理论化学成分：$SiO_2$ 66.65%，Al_2O_3 28.35%，H_2O 5%）。叶蜡石产于浙江青田、上虞等地。外观呈白、淡黄、浅灰等色，块状，有滑腻感，稍有塑性，磨细后可以稀释。其特点是烧成收缩小（1%左右），白度高，可以调整坯体收缩率，提高制品白度。

五、黏土在陶瓷生产中的作用

1. 可塑性原料的可塑性是坯料成型的基础；

2. 可塑性原料使泥浆和釉浆得以悬浮和稳定；

3. 可塑性原料使瘠性原料得以结合，有利于成型和烧结；

4. 可塑性原料的类型和杂质决定着坯体的烧成条件（温度和气氛）；

5. 可塑性原料是陶瓷制品中强度的主体结构——莫来石晶体的主要来源。

第三节　石英类原料

石英是自然界中构成地壳的主要成分，部分是以硅酸盐化合物状态存在，构成各种矿物岩石，另一部分则以独立状态存在，成为单独的矿物实体。虽然它们的化学成分相同，均为 SiO_2，但由于形成各类岩石以及矿物的条件不同，而呈现出多种状态和同质异形体；由于成矿之后所经历的地质作用不同，而又呈现出多种状态。从最纯的结晶态的二氧化硅（水晶）到无定形的二氧化硅均属于其范畴。

石英原料的种类很多，不同的工业部门和科技领域会依据自身的要求，从不同的角度来研究和利用它们。

在陶瓷工业中，石英是一种主要的、不可缺少的基本原料。常用的石英类原料主要有以下几种：

一、石英

1. 石英的种类

（1）脉石英

在岩浆岩中以矿脉形式出现的较纯的石英，硬度高，一般二氧化硅的含量大于 99%，是生产日用细瓷的良好原料。

（2）石英砂

在沉积岩中以二氧化硅等物质胶结石英砂组成的岩石。根据胶结的物质不同可分为石灰质砂岩、黏土质砂岩和硅质砂岩等，其中 SiO_2 含量占比 90% ~ 95%。石英砂主要可作为制作玻璃、水泥、耐火材料的原料。

（3）石英岩

石英岩是一种变质岩，在变质作用下砂岩转变成了石英岩，SiO_2 含量约 97%，是比较纯的硅质原料。石英岩是制造一般陶瓷制品的良好原料，其中

质量好的可作细瓷原料。

（4）硅质砂岩

硅质砂岩是石英颗粒被硅质胶结物（硅酸）结合形成的一种碎屑沉积岩。砂岩的颜色有白、黄、红等，其硬度较低，成分波动不是很大，SiO_2 含量为 90% ~ 95%，可作为陶瓷原料。

（5）无定形石英

无定形石英是一类非晶质 SiO_2 矿物，常见的是外观呈致密块状或钟乳状的蛋白石（$SiO_2 \cdot nH_2O$）。硅藻土的矿物成份主要是蛋白石及其变种，是由硅藻的遗骸吸收溶解于水中的二氧化硅而沉积所形成的，多含少量黏土，具有一定的可塑性。硅藻土具有很多空隙，是制造绝热材料、轻质砖、过滤体等多孔陶瓷的重要材料。质量好的蛋白石和硅藻土也可代替石英作为细陶瓷坯、釉的原料。

2. 石英的晶型转化

石英的熔融温度很高，随着温度等条件的变化，硅氧四面体之间的连接方式也会发生变化，直接导致了石英的存在状态发生改变。石英有三种存在状态以及八种变体：870℃以下以石英状态存在；随着温度的升高，在1470℃以下以鳞石英状态存在；在1713℃以下以方石英存在；温度超过 1713℃，石英熔融变成熔融态。

石英的相对密度随其结晶形态的变化而不同，一般来说温度升高，其相对密度减小，冷却时相对密度增大。其相对密度在 2.23 ~ 2.65 之间变化，相对密度最小的是 α- 方石英。最大的是 β- 方石英。

石英在加热或冷却过程中会发生多次的晶型转化，这些转化是可逆的，垂直方向的转化即为快速转化，水平方向的转化是缓慢转化。随着晶型的转

化，其体积会发生很大的变化，体积膨胀最高可达16%，也就是 α– 石英转化为 α– 鳞石英这个过程。

石英在加热或冷却过程中，晶型转化引起的体积变化会对坯体造成相当大的内应力而产生微裂纹，甚至导致坯体开裂，影响产品的抗热震性和机械强度。例如，将石英加热到573℃时，β– 石英转化为 α– 石英，在此可逆反应中，虽然体积变化只有0.82%，但其转化迅速，同时又是坯体的硬化状态，也就是说在这个温度时，由于其温度还很低，坯体还未形成液相，所以破坏性就很强，危害也大。这就像用同样的力对干泥巴和湿泥巴施压，很显然，干泥巴更容易开裂。所以在坯体的烧成中，必须控制这类快速转化过程的急骤升温和冷却的速度，让它们在还来不及发生变化时温度就过去了。又如，加热温度在870℃时，α– 石英转化为 α– 鳞石英，其体积变化达到16%，由于其反应速度极为缓慢，转化时间也很长，虽然其体积变化非常大，但影响相对很小。当然，在烧成时也需要加以注意。

在实际生产中，常利用石英晶型转化这一特性，将块状石英预烧，温度一般控制在1000℃左右，然后急冷，使其结构变疏松。这有利于石英的粉碎，同时也可减少制品在烧成过程中的开裂。

二、石英在陶瓷生产中的作用

1. 可调节坯料的可塑性和干燥速度，降低干燥收缩，减少干燥变形；

2. 烧成时，石英可在高温下熔融，提高液相黏度，减小坯体的烧成收缩和变形；

3. 采用适当颗粒细度的石英可提高陶瓷制品的强度、透光度和白度；

4. 石英属于非塑性原料，在釉中可提高釉的熔融温度和釉的黏度，降低釉的膨胀系数，提高釉的耐酸性。

第四节　长石类原料

一、长石

1. 长石的分类

长石属于三大原料（可塑性原料、瘠性原料以及熔剂性原料）之一的熔剂性原料，在地壳中分布广泛，是不含水的碱金属与碱土金属铝硅酸盐。自然界长石的种类很多，但一般纯的长石较少，多数都是以各类岩石的集合体产出，共生矿物有石英、云母等。根据架状硅酸盐结构的特点，归纳起来都是由下列四种长石组合而成。

钾长石：$K_2O \cdot Al_2O_3 \cdot 6SiO_2$

钠长石：$Na_2O \cdot Al_2O_3 \cdot 6SiO_2$

钙长石：$CaO \cdot Al_2O_3 \cdot 2SiO_2$

钾微斜长石：$(K、Na)O \cdot Al_2O_3 \cdot 6SiO_2$

在日用以及建筑陶瓷工业中常用到钾长石和钠长石。生产中所谓的钾长石或钠长石其实都是钾钠长石，只是含量多少有差异而已。

2. 长石的性质

（1）化学成分：长石的理论化学式如上所述。但实际上长石矿中还夹杂杂质，所以在使用前必须了解其化学成分。我国一些地区长石的化学成分见表2-1。

（2）熔融温度与熔融温度范围：长石的熔融温度与长石本身的成分和所含的杂质有关。长石的熔融温度和熔融温度范围直接影响着瓷坯的烧结温度和烧结温度范围。通常钾长石的熔融温度范围最大，钙长石的最小。在生产工艺中，采用熔融温度范围大的钾长石较为有利。

（3）熔融长石的黏度：长石熔融以后成为玻璃体。长石玻璃的黏度取决于长石的化学成分、矿物组成和温度。在相同温度下，熔融钠长石黏度比钾长石小，故钠长石加入坯料中在高温时容易变形，一般在坯料中很少单独使用钠长石。

（4）长石玻璃对其他物质的熔解作用：长石玻璃熔解其他物质的活泼性取决于长石的种类和熔融温度。在同一温度条件下，钠长石玻璃对石英的熔解度大于钾长石玻璃。

二、长石在陶瓷生产中的作用

1. 长石作为熔剂性原料使用，可以降低烧成温度；

2. 在液相中，SiO_2 和 Al_2O_3 互相作用，促进莫来石晶体的形成和长大。长石熔化后形成的液相能填充坯体的孔隙，减少气孔率，增大致密度，提高坯体机械强度和透光度；

3. 长石是瘠性原料，能提高坯体疏水性，缩短干燥时间，减少干燥收缩和变形。

表 2-1　我国一些地区长石的化学成分

名称	化学组成（wt%）								
	SiO_2	Al_2O_3	Fe_2O_3	CaO	MgO	K_2O	Na_2O	烧失	总量
河北唐山长石	65.46	18.76	0.18	0.15	0.19	12.3	3.05	0.33	100.33
内蒙前旗长石	65.21	18.62	0.06	0.72	0.13	11.79	3.13	0.42	100.08
河北邢台长石	64.56	19.05	0.15	0.17	0.17	13.38	1.67	0.58	100.18
辽宁前卫白色长石	68.35	19.67	0.09	0.32	0.14	0.85	9.96	0.83	100.21
辽宁前卫红色长石	65.58	18.50	0.09	0.08	—	11.71	3.20	0.19	99.65
湖南长沙长石	63.54	19.17	0.17	0.36	—	13.79	2.36	0.48	99.87

第五节　碱土硅酸盐类原料

一、滑石

滑石（$3MgO \cdot 4SiO_2 \cdot H_2O$）是由天然的含水硅酸镁矿物组成，理论化学成分为 MgO：31.82%，SiO_2：63.44%，H_2O：4.74%。天然滑石多含有 CaO、Fe_2O_3 等杂质，外观呈白色、粉红、青灰、黑色等，一般为层状结构的粗鳞片状，也有粒状的块滑石。滑石的特点是易于切割和富有滑腻感。纯滑石耐火度为 1500～1520℃，天然滑石由于含杂质，耐火度比此值低些。

我国滑石资源十分丰富，分布较广，成矿条件相似，质量优良，含铁及碱金属，氧化晶体结构也相似。除辽宁海城滑石（片状结构）和山东掖南滑石（片状与粒状结构）外，山西、湖南、广东、广西、湖北等省均有优质的滑石矿源，多以滑石岩或滑石片岩产出。我国一些地区滑石的化学成分见表 2-2。

滑石是陶瓷工业常用原料之一。在瓷坯中加入少量滑石（1%～2%），能降低烧成温度，加宽烧成温度范围，提高制品的透明度，同时能加速莫来石的生成，提高制品的机械强度和热稳定性。在瓷坯中加入滑石较多时（34%～40%），烧成中滑石的硅酸镁和黏土中的硅酸铝反应生成堇青石（$2MgO \cdot 2Al_2O_3 \cdot 5SiO_2$），其膨胀系数很小，可大大提高产品的热稳定性。坯料中滑石用量达 50%或更多时，烧制后形成的斜顽火辉石（$MgO \cdot SiO_2$）与堇青石占 35%～50%，这种产品具有较高的机械强度、热稳定性和较高的介电常数，可用于高频绝缘材料及需要高机械强度、高绝缘性能的制品中。当坯料中滑石量占 70%～90%，所得制品称为块滑石制品，主要是由斜顽火辉石晶体组成，特点是具有较高的机械强度、较小的介电损失，可用于无线电仪器中的高频及高压绝缘材料中。在釉中，滑石作为助熔剂原料，能降低釉料的熔融温度和膨胀系数，提高釉的弹性，促使坯釉中间层的生成，从而改善制品的热稳定性。用于乳浊釉中还可增加乳浊效果。

无线电陶瓷中的滑石瓷、镁橄榄石均以滑石为主要原料。山东陶瓷工作者首先研究用滑石制造日用细瓷并取得成功，一些工厂生产出优质、洁白、半透明的滑石质茶具、酒具。滑石也可用作精陶釉面砖的配料，以降低釉的后期龟裂。黏土类原料加入少量滑石后，在高温下可形成堇青石晶体，能制成堇青石陶瓷或堇青石质匣钵。堇青石的热膨胀系数小，可提高产品的抗热震性、增加匣钵的使用次数。

表 2-2 我国一些地区滑石的化学成分

名称	化学组成（wt%）							
	SiO_2	Al_2O_3	Fe_2O_3	CaO	MgO	TiO_2	烧失	总量
辽宁海城滑石	60.45	0.12	0.72	1.10	30.95	-	6.18	99.51
辽宁大石桥滑石	59.36	0.66	0.09	0.06	32.32	-	7.52	99.92
东北黑玉滑石	61.77	0.10	0.15	1.71	29.96	0.35	5.95	99.98
辽宁草河口滑石	60.53	0.27	0.39	1.57	30.88	-	6.15	99.70
江西萍乡滑石	62.97	0.61	0.23	-	31.23	-	4.87	99.91
辽宁宽店滑石	58.53	0.55	0.37	3.42	29.74	0.08	6.80	99.49

二、硅灰石

硅灰石的化学通式为 $CaO \cdot SiO_2$，晶体结构式为 $Ca_3[Si_3O_9]$，理论化学组成为 CaO：48.3%、SiO_2：51.7%，属于链状偏硅酸盐类矿物。

硅灰石的存在形式有：高温变体 β-$CaSiO_3$，三斜晶系低温变体 α-$CaSiO_3$，三斜晶系与单斜晶系。通常自然界中以三斜晶系存在。三斜和单斜晶体都属于六面体，三条棱长都不同，区别在于三斜晶体的三条棱两两间夹角都不是 90°，而单斜晶体有两个夹角为 90°。

硅灰石在陶瓷坯料中具有助熔作用，可降低坯体的烧结温度。由于热膨胀系数小，热稳定性能好，其在低温时（室温～800℃）干燥收缩与烧成收缩都小，特别适合配置低温快速烧成坯体，常用于薄陶瓷制品。相同作用的原料还有透辉石、叶蜡石、珍珠岩等。在烧成过程中，只经历从晶体到熔体的转化，坯体能在几十分钟内烧成，大大降低了热耗。以硅灰石为主要原料时，用量最高可达 60%，不足之处是烧成温度范围较窄，容易过烧使坯体变形，坯体白度低。若坯体中加入 Al_2O_3、ZrO_2、SiO_2 等，可提高坯体中液相的黏度，从而达到扩大烧成温度范围的目的。

三、蛇纹石

蛇纹石是一种含水的富镁硅酸盐类的矿物，蛇纹石的理想化合物分子式是 $Mg_8(Si_4O_{10})(OH)_8$，它的主要化学成分为 MgO 和 SiO_2，其化学式为 $3MgO \cdot 2SiO_2 \cdot H_2O$。虽然它与滑石同属一类，成分也有一定相似之处，但作用不尽相同。蛇纹石在日用陶瓷生产中的应用及发展不是很好，对蛇纹石的开发利用也尚处于初级阶段。研究表明，蛇纹石不能直接使用原矿，需先在 1400℃下预烧处理，使夹杂的纤维状石棉和白云岩矿物破坏分解，以便于细磨成型。蛇纹石类矿物由于具有耐热、隔热、耐腐蚀等性能，通常在耐火材料上可发挥一定的用途。

四、透辉石

透辉石的化学式为 $CaO \cdot MgO \cdot 2SiO_2$，理论化学组成为 CaO：25.9%，MgO：18.6%，SiO_2：55.5%，单斜晶系，不含有机物和结构水。与硅灰石类似，也适合作为陶瓷低温快烧原料，其干燥收缩和烧成收缩都较小（用作釉面砖坯料干燥收缩几乎为 0，烧成收缩也小于 0.3%），热膨胀系数小，也具有助熔的作用，但与硅灰石一样具有烧成温度范围较窄的缺点。

透辉石可作为低温快烧原料，原因有：第一，它本身不具多晶转变，没有多晶转变带来的体积效应；第二，透辉石本身不含有有机物和结构水，故可快速升温；第三，它是瘠性原料，干燥收缩和烧成收缩都比较小；第四，透辉石膨胀系数不大。

五、透闪石

透闪石的化学式为 $2CaO \cdot 5MgO \cdot 8SiO_2 \cdot H_2O$，它是由白云石和石英混合沉积后形成的变质岩，晶体常呈辐射状或柱状排列。透闪石、透辉石和硅灰石在陶瓷工业中的用途相近，但从化学式上可以看出，透闪石含结构水，虽然是少量的，但是需要温度达到 1050℃才能被排出，所以它是不适合低温快速烧成的。此外，透闪石伴生碳酸盐，碳酸盐在烧成过程中会放出气体，导致坯体的气孔率增大，烧失量大，这也是它不适合快烧的原因之一。

第六节　其他矿物原料

一、含碱硅酸铝类

天然矿物中优质的长石资源并不多，工业生产中常使用一些长石的代用品，主要有伟晶花岗岩和霞石正长岩等。

1. 伟晶花岗岩

伟晶花岗岩的主要成分是长石、石英晶粒以及其他杂质，其中含长石 60%~70%，石英 25%~30%。伟晶花岗岩的质量由其中所含长石和石英的比例来决定，杂质则在很大程度上影响其质量。长石在伟晶花岗岩中有两种形态：一种是大颗粒的结晶，其中长石和石英相间极为清楚，能用手选法将其分离；另一种是包含石英的长石粒子块状（这种结合状决定它只能整体利用）。石英的存在并不妨碍伟晶花岗岩的利用，但其含量最好不超过30%，其含有的杂质，尤其是铁质，如菱铁矿、赤铁矿、石榴石、黑云母、褐铁矿等会使伟晶花岗岩利用难度加大。

2. 霞石正长岩

霞石正长岩亦是目前作为长石的代用品之一，其中含有钾长石、钠长石、霞石（$K_2O \cdot 3Na_2O \cdot 4Al_2O_3 \cdot 9SiO_2$）及少量角闪石、辉石和云母等，组成变动很大。霞石正长岩能在温度为1050℃时烧结，比重2.543，熔点因含碱量不同而于1160～1200℃之间（理论值是1223℃）变动。因此，当它部分地代替长石时，坯体烧结温度大大降低（坯体中含有20%霞石正长岩与10%锂辉石时，烧成温度为1050℃），但烧成温度范围可增宽。霞石正长岩应用于陶瓷坯料中（代替部分或全部长石），将会显著降低坯体的烧成温度，扩大烧结温度范围，降低烧成收缩，从而减少坯体的烧成变形。霞石正长岩中Al_2O_3含量较正长石高，一般在23%左右，故能提高机械强度而使坯体在烧成中不易沉塌，同时使坯体的热膨胀系数有所增加，从而能适当防止釉裂。

3. 珍珠岩

珍珠岩的耐火度比较高，工业上主要是利用它的膨胀性，有的珍珠岩矿物高温膨胀倍数可达到10倍甚至15倍。这是由于珍珠岩是火山喷出的酸性玻璃质熔岩，当酸性熔岩喷发出地表时，由于岩浆骤冷而黏度很大，使大量水蒸气未能从岩浆逸散而存于玻璃质中。当焙烧时，因突然受热达到软化程度，玻璃质中结合水汽化会产生很大的压力，使体积迅速膨胀。在玻璃质冷却至软化温度以下时，便凝成空腔结构，形成多孔的膨胀珍珠岩。利用这一性质，珍珠岩经膨胀可以成为一种轻质、多功能新型材料。

密度轻、导热系数低、化学稳定性好、使用温度范围广、防火、吸音等特点，使其广泛应用于多种工业部门。

4. 锂辉石

锂辉石的晶体结构式为$LiAl[Si_2O_6]$，化学式为$Li_2O \cdot Al_2O_3 \cdot 4SiO_2$。锂辉石又称为$\alpha-$锂辉石，它是低温稳定性变体，其他的变体有$\beta$、$\gamma$型，其中$\beta$型属于高温稳定性，$\gamma$型属于高温亚稳定性。

锂辉石目前在工业中使用比较广，陶瓷厂中主要是作为熔剂，可减少对长石的需求。在陶瓷配料中加入适量锂辉石，可改善日用陶瓷坯体的熔融度和致密性，同时可减少热塑性变形。在陶瓷生产中应用锂矿物，可以降低烧成温度，缩短烧成周期，达到节能效果（可节约能耗20%左右），所以现在运用得比较广。尤其是澳大利亚产的锂辉石，其助熔性极强，热膨胀系数低，且不含有害杂质（如硫、氟、铅、汞等），已被认为是一种新型绿色陶瓷原料。

二、碳酸盐类

1. 方解石与石灰石

方解石产于钙质母岩，常与白云石、滑石、蛇纹石共生，其化学式为$CaCO_3$。

方解石有很多异种，无色透明的菱面体方解石称为冰洲石，较纯；粗粒方解石的石灰岩称为石灰石，细粒疏松的方解石与一些有孔软体动物类的方解石屑的白色沉积岩称为白垩。

方解石受热至860℃时开始分解，940℃时反应最剧烈。在陶瓷坯体中或釉料中常以方解石形式引入CaO。

方解石分解前在坯料中属于瘠性原料，分解后起助熔作用，并在烧成过程中易与黏土和石英发生反应，从而降低烧成温度，缩短烧成时间，增加产品的透明度，使坯釉结合更牢固。石灰石与方解石作用相同，但是纯度比方解石低。

2. 白云石

白云石又叫苦灰石，是异种沉积岩，是碳酸钙和碳酸镁的复盐。化学式 $CaCO_3 \cdot MgCO_3$。

白云石大约在 800℃开始分解，先是碳酸镁分解出 MgO 及 CO_2，在 950℃时碳酸钙分解。白云石加入坯料中能同时引入 CaO 和 MgO，起助熔作用，降低坯体的烧成温度，扩大烧成温度范围，并能促进石英的熔解和莫来石的生成。将它引入釉中代替方解石也能解决因控制不当而引起釉的乳浊，提高釉的热稳定性，以及在一定程度上防止吸烟。吸烟是指：烧成过程中吸收了游离的碳素和碳化物，这些被吸收的碳素和碳化物在还原中末期未被烧去。吸烟会导致釉面变黄，白度和透明度降低。

3. 菱镁矿

菱镁矿亦称菱苦土，化学组成为 $MgCO_3$，理论组成为 MgO：47.62%，CO_2：52.38%。主要用作耐火材料、建材原料、化工原料，以及提炼金属镁及镁的化合物等。

由于 $MgCO_3$ 分解温度比 $CaCO_3$ 低，所以含有菱镁矿的陶瓷坯料在烧结开始前就停止逸出 CO_2，同时生成 MgO，因此形成的玻璃质粘滞性较大，玻化范围很宽，可以提高坯体的质量，还可以减弱坯体中由于杂质所产生的黄色，提高坯体的半透明度和力学强度。

三、磷酸盐类

1. 骨灰

骨灰是脊椎动物骨骼经一定温度煅烧后的产物。其主要成分是磷酸钙 $Ca_3（PO_4）_2$，可在骨灰瓷中用作主要原料。

骨灰瓷也称为骨质瓷或者骨瓷，是世界上公认的最高档瓷种。瓷胎呈乳白色或奶白色，骨瓷显得更洁白、细腻、通透、轻巧，极少瑕疵，并且比一般瓷器薄，在视觉上有一种特殊的清洁感，强度高于一般瓷器，是日用瓷器的两倍。骨粉的含量越高，黏土的成分就相对降低，在制作过程中就越易烧裂，在成形上需要更高的技术，增加了烧制难度，所以更加珍贵。

一般来说，原料中含有 25% 骨粉的瓷器则可称为骨瓷，国际公认的骨粉含量要高于 40% 以上。人工合成的骨粉可以代替骨灰。

骨灰熔点约 1700℃。骨灰可作助熔剂，但其助熔作用较缓慢，同时还具有乳浊作用，当冷却后反复加热就愈能增强乳浊性和白度。在釉中加入适量骨灰能提高光泽度。骨灰常以其配合量约为 50% 与高岭土、长石、石英等配制成骨灰瓷，但其烧成温度范围很狭窄，高温时易变形，热稳定性及抗酸碱侵蚀能力较差。

2. 磷灰石

磷灰石是天然的磷酸钙矿物，可少量引入长石釉中，自然界中以氟磷灰石最为常见，其化学式为 $Ca_5F（PO_4）_3$。羟基磷灰石是目前研究广泛的生物陶瓷原料，它具有良好的生物相容性，可作为人类骨骼或牙齿的替代品。由于磷灰石与骨灰的化学成分相似，故可部分代替骨灰作为骨灰瓷原料。其坯体的透明度很好，但形状的稳定性较差。将磷灰石少量引入长石釉中，能提高釉面光泽度，使釉具有柔和感，但用量不宜过多，如 P_2O_5 含量超过 2%时，易使釉面发生针孔、气泡，还会使釉难熔。

四、高铝质矿物原料

1. 高铝矾土

主要矿物是水铝石和高岭石，还含有一些少量的其他矿物。它在煅烧过程中会发生一系列的物理、化学变化，由分解、二次莫来石、重结晶烧结三个阶段构成。

其中第二个阶段，即一次莫来石（$3Al_2O_3·2SiO_2$）和二次莫来石的形成最为关键。因为无论是日用陶瓷还是建筑陶瓷，瓷坯中的莫来石都是我们希望在烧成中大量形成的矿物，特别是二次针状莫来石，由于其呈细长、针状，易形成网络结构，更有利于改善瓷器的热学和力学性能。最近有研究提出，烧结过程中产生液相是产生二次莫来石的必要条件。

2. 硅线石

硅线石的化学式为 $Al_2O_3·SiO_2$，理论化学组成为 Al_2O_3：62.93%，SiO_2：37.07%。天然硅线石是一种高级耐火材料，它在高温时可转变为莫来石，这种物质可耐极高的温度，加上本身氧化铝含量也很高，因此具有较高的熔点和耐火度，在重负荷下具有抗高温，抗热冲击能力和良好的抗渣性。其同质异形体包括蓝晶石和红柱石，它们可通过煅烧转化成硅线石。

五、锆英石

锆英石理论组成为 ZrO_2：67.1%，SiO_2：32.9%。极耐高温，其熔点可达 2750℃，且耐酸腐蚀。世界上有 80% 的锆英石直接用于铸造、陶瓷、玻璃工业以及制造耐火材料。锆英石微粉广泛用作建筑卫生陶瓷的乳浊剂，能提高釉的白度和耐磨性，提高釉面热稳定性，降低膨胀效果显著。缺点是：其硬度较大，难以研磨粉碎（研磨时间需要 100～200h）；加入釉中后，釉在高温时黏度大，易缩釉。

六、工业废渣

工业废渣包括生产中的废渣和尾矿。

1. 粉煤灰

粉煤灰也称为飞灰，是煤炭在燃煤锅炉中燃烧所残留的固体废物，主要来源于燃煤电厂。我国粉煤灰的主要氧化物组成为 SiO_2、Al_2O_3、FeO、Fe_2O_3、CaO、TiO_2 等。煤粉在锅炉内燃烧生成灰分，灰分发生熔融并在表面张力作用下团缩成球状，排出炉外时又受急冷作用，因而形成富含玻璃体的球状颗粒。由于粉煤灰各颗粒间的化学成分并不完全一致，使得其在冷却排出的过程中，形成了不同的物相。粉煤灰的结构是煤粉在燃烧和排出过程中形成的，具有由铝硅酸盐玻璃体组成的内、外壳结构特征。玻璃体颗粒中常有空隙，大多数颗粒表层都覆盖或嵌埋了许多亚微米级的细粒和条状晶体等，少许盐类析晶于表层和次表层，而莫来石通常分布在颗粒的外层玻璃壳中，表层嵌埋的细粒和小晶体含有易溶出元素的无机盐。Si、Al 主要存在于石英、莫来石和铝硅酸盐玻璃相中，Fe_2O_3 基本上存在于铝硅酸盐中，Ca、Mg、B 等元素主要分布在外壳玻璃层中。

粉煤灰烧结陶瓷是指以粉煤灰为主要原材料，以黏土为结合剂，经高温焙烧而成的陶瓷材料制品，可以广泛应用于工业、民用和卫生陶瓷建筑工程。粉煤灰的用量为 30%～70%，主要工艺和设备与普通黏土砖基本相同。用粉煤灰生产陶瓷的某厂利用热电厂的湿排粉煤灰经自然脱水至含水率在 30% 左右，按粉煤灰 55%、黏土 40% 和炉渣 5% 等工业废渣进行配比。该厂年用粉煤灰 40 万立方米，产粉煤灰烧结砖 2.4 亿块，年节省黏土 430 立方千米，节约标煤 9600 吨 / 年，具有较好的社会效益和经济效益。粉煤灰等原材料按照一定的配比，经过陈化、混炼处理，挤出成型，制成一定规格的坯体。再经干燥、高温焙烧，坯体烧成，粉煤灰中的玻璃体直接参与黏土质成分的共熔，形成共熔体。在高温的作用下，坯体内发生一系列的物理化学反应，使黏土和粉煤灰都失去了本身的塑性，原料中的铝、铁、钙、镁、钾、钠等的氧化物与硅氧化物结合形成复杂的硅酸盐产物，在陶瓷中产生了液相，融化的玻璃体也把未熔颗粒包裹起来，相互牢固地结成一体。在冷却时重新析晶形成稳定的莫来石等多种晶相，赋予制品以很高的强度。

由于助熔剂的引入，在1100℃以上时产生大量的玻璃相，会使砖产生很高的强度。熔化玻璃体对未熔颗粒的包裹、冷析、结晶，形成共熔体。粉煤灰的应用趋势正在逐步从低附加值的水泥等建筑材料领域向附加值高的塑料、橡胶、涂料、陶瓷等领域转变。随着粉煤灰在不同领域的进一步应用，对其附加值及综合性能也提出了更高的要求，无论在表面改性方法，还是功能化的实现方面，仍有待于进一步深入研究。

2. 煤矸石

煤矸石是采煤和洗煤过程中大量排放的一种碳含量较低的固体废弃物，主要成分为 Al_2O_3 和 SiO_2，其中还含有少量的镓、钒、钛、钴等稀有元素。它是由多种沉积岩组成的。经过多年的地质、风化作用，其矿物组成非常复杂，主要有石英、高岭石、伊利石、蒙脱石、方解石等。我国生产的煤矸石中，主要矿物成分是高岭石的占总煤矸石量的三分之二，主要矿物成分是水云母的占总量的三分之一。

煤矸石中的主要化学组成是氧化硅、氧化铝，与制备陶瓷所需要的原料相似。此外，煤矸石中所含有的氧化钙、氧化镁等氧化物，在陶瓷的烧结过程中，可在低温下产生液相，促进烧结反应的进行，降低烧结温度。利用煤矸石合成陶瓷材料，主要包括：煤矸石合成堇青石，煤矸石合成 β-SiC，煤矸石合成 Sialon，煤矸石合成莫来石，煤矸石合成 Si_3N_4。煤矸石不仅可以制备出具有机械强度高、耐酸碱腐蚀以及寿命长等优异性能的传统陶瓷材料，还可以制备高孔隙率、导热系数低、抗热振性能良好的多孔陶瓷材料。煤矸石中所含的有机质也可起到造孔剂的作用，在陶瓷生坯中占据一定体积，高温燃烧后留下孔隙，有利于增加多孔陶瓷的显气孔率。

第七节　化工原料

1. 硼砂

硼砂又称四硼酸钠，其化学式为 $Na_2B_4O \cdot 7H_2O$，理论化学组成为 Na_2O：16.26%，B_2O_3：36.51%，H_2O：47.23%。硼砂比重为 1.69 ~ 1.72，硬度为 2~ 2.5，是一种水溶性的硼酸盐，与 CuO 起反应呈蓝色，与 Cr_2O_3 反应呈绿色，与 MnO_2 反应呈紫色，与 Fe_2O_3 反应呈棕色等。陶瓷色剂或配釉用的熔块常用硼砂作原料，就是利用这种呈色或助熔的效应。硼砂加热时会分解出水分，有膨胀现象，因此在使用前最好把它烘干。

2. 硼酸

硼酸也是陶瓷工业常用的釉料原料之一，它的化学式为 H_3BO_3，是无色透明鳞片状晶体，属三斜晶系，手摸有滑感，呈珍珠光泽，比重为 1.435，硬度为1，其熔点为185℃，并同时分稍溶于水。

硼砂和硼酸在陶瓷工业中都是作为釉料的熔剂使用的。精陶釉大多采用硼铅熔块，如釉面砖用的乳浊釉，其熔块中引入数量较多的含硼原料，除降温外，还能降低釉的高温黏度，使釉面平整光滑。

3. 氧化锡

氧化锡（SnO_2）是白色粉末，是釉中着色剂的分散载体，如铜红釉中，SnO_2 是红色 Cu_2O 的分散载体。SnO_2 是锡乳浊釉的良好乳浊剂，其在釉熔体中的溶解度小，且不易与釉熔体起反应，总是以原始加入的 SnO_2 的粒子悬浮在釉层中起乳浊作用，因此，锡乳浊釉对基础釉无特殊要求，在各种釉中都可使用。SnO_2 易还原为 SnO，SnO 在釉熔体中的溶解度较大，因此，在还原气氛下，SnO_2 不具备乳浊作用。

4. 氧化锌

氧化锌（ZnO）加入量为5%左右时，可起助熔作用。ZnO 加入量为8%~16%时，它是配乳浊釉的良好乳浊剂，与 SnO_2 共用时，乳浊效果更好。ZnO 是配无光釉的良好无光剂。当釉中 ZnO 达到饱和状态时，便析晶，使釉面无光，ZnO 是配结晶釉的良好结晶剂。当釉中 ZnO 达到过饱和状态时（含量超过20%），在慢冷和一定温度下保温一段时间，便析出硅酸锌漂亮晶花。ZnO 又是颜色釉的调色剂，如配钛黄釉时，添加少量 ZnO，会使黄色娇嫩好看；配钴兰釉时，引入少量 ZnO，会使兰色带青；配铬绿釉时，添加 ZnO，会使绿色向橙色变化。

5. 碳酸钡

碳酸钡（$BaCO_3$）为白色粉末，对人体有毒，其作用主要有：

（1）是高温助熔剂，能提高釉面光泽度；

（2）与釉中物质反应较缓慢，且易析晶，是良好的无光剂、乳白剂；

（3）增大釉的膨胀系数，增强釉层白度。

因为对人体有毒，多制成熔块使用。

第八节　陶瓷原料质量要求

由于原料种类繁多，在生产中的作用各有不同，因此对不同的原料有不同的质量要求。对于白色的陶瓷制品来说，原料中含铁、钛、锰等着色元素越少越好，因为铁、钛、锰等着色物质烧后发色会影响这些陶瓷制品的白度和透明度。如铁含量多，烧后带灰色（还原气氛烧成）或褐色（氧化气氛烧成）；钛含量多，烧后呈黄色；锰含量多，烧后呈淡棕色。而且这些色调在一起是互相加深的，如铁和钛一起会使色调增加得很深，对白度和透明度更为不利。

在铁、钛、锰元素中以铁元素危害程度最大。铁在陶瓷原料中以各种不同的形式存在，不同形式的铁的危害程度又有不同，其中最严重的是金属铁（主要是开采、加工过程中带入的铁屑），它不仅会使制品着色，而且还会使制品表面出现黑斑。其次是化合铁，即以菱铁矿、赤铁矿、褐铁矿、黄铁矿、硅酸铁、角闪石和黑云母等形式存在的铁，这其中又以菱铁矿的危害最大。

钛以金红石、钛铁矿等形式带入原料中，锰以软锰矿、硬锰矿、水锰矿和褐锰矿等形式带入。这些都是陶瓷原料中的杂质，必须尽量减少。

钴（常以暗镍蛇纹石、砷钴矿形式）、镍（常以镍绿泥石、镍黄铁矿形式）和铬（常以橄榄石、辉石形式）等含量很少的着色元素也要尽量避免，它们烧后发色也会一定程度地影响陶瓷的白度和透明度。

一、对黏土的质量要求

由于黏土是多种细微矿物的集合体，就陶瓷生产中所用的原料来说，常见的黏土矿物有高岭土、瓷石、膨润土等类型，它们在制瓷中的作用不尽相同；但对于石英、长石和其他原料来说，又有其同一性。在制定原料的相应标准时，由于高岭土具有广泛的用途和一定的代表性，故往往会对高岭土做一些相应的规定。高岭土的成因不同，其成分、结构也就不同，且各地各厂的使用条件不同，难以用同一标准来衡量。高岭土要求有较高的耐火度，一定的可塑性、结合性和干燥强度，煅烧后的白度和机械强度等也有一定的要求。我国已颁布了一些陶瓷原料质量要求的行业标准。

1. 化学组成

对高岭土和其他黏土来说，Al_2O_3 的含量要尽量高。对于不同类型的高岭土，根据实际情况又有不同的要求，如行业标准（QB/T 1635-1992）规定：高岭土优品 ≥ 37%，一级 ≥ 30%，合格品 ≥ 23%。这为高岭土分级、按质论价等，给出了一定的理论依据。

CaO、MgO、K_2O、Na_2O 的含量要求尽可能少，因为这些成分在高岭土中都会降低其耐火度，缩短烧结温度范围，过多时还会引起坯泡。值得注意的是，CaO 含量多还会影响瓷器色面，实验表明坯体中 CaO 的含量超过 1.5%，便会出现淡绿色。

如前所述，原料中的着色氧化物应尽量少，主要的着色氧化物一般为 Fe_2O_3 和 TiO_2。对于由高岭石、多水高岭石等为主要组成的高岭土来说，其 Fe_2O_3 和 TiO_2 的含量一般应少于 1.6%，否则对瓷器白度有影响。

对于 SO_3 的含量，在行业标准中规定最高者不能超过 0.3%。所谓 SO_3 含量，即指原料中所含的硫化物或硫酸盐的化学分析换算结果。就着色而言，主要还是其中的着色元素，如硫化铁（FeS_2）中的铁，硫在高温煅烧下大多已分解而挥发。有关资料介绍，往原料中掺入 0.2% 的硫，经高温煅烧后，施釉和不施釉的样品，色面均没有什么变化。所谓硫着色，实质上主要是由于其化合物中含有着色元素，或由于燃料中含细微的硫的化合物扩散于釉面之故。但如果硫的含量多，高温所形成的氧化硫逸出，也可能造成坯泡或釉面针孔等缺陷。

2. 细度要求

通常在生产中对高岭土的细度，用万孔筛（250 目筛，孔径 0.061mm）来检验。因细度反映了其可塑性、结合性和干燥强度的好坏，以及其中非高岭土成分（如石英、云母等）的多少，故要求其筛余量一般不要超过 1%。

3. 耐火度和烧结性

高岭土的耐火度和烧结性主要取决于其化学组成，其中 Al_2O_3/SiO_2 摩尔比越大，耐火度越高，烧结温度范围越宽。黏土的耐火度可根据实验测定或根据化学组成按经验公式估算而得。对于富铝高岭土，其耐火度应不低于 1650℃。黏土的烧结性主要是指其烧结温度范围，一般烧结温度范围越宽越好，这对选择坯釉配方，确定烧成温度和拟定烧成制度具有重要的指导意义。

对于高岭土的可塑性、结合性、干燥收缩、烧成收缩以及触变性等其他工艺性能，可视具体情况提出相应要求。行业标准中对高岭土的化学组成要求见表 2-3。

对于除高岭土外的其他类型黏土，对其质量作相应的要求，对生产亦是有益的。例如我国南方

表2-3 高岭土各级化学组成

化学成分	等级		
	优等品（含量/%）	一等品（含量/%）	合格品（含量/%）
Al$_2$O$_3$	≥ 37	≥ 30	≥ 23
Fe$_2$O$_3$+TiO$_2$	≤ 0.6	≤ 0.80	≤ 1.60
TiO$_2$	≤ 0.10	≤ 0.45	≤ 0.60
CaO+MgO	≤ 1.20	≤ 1.50	≤ 1.80
SO$_2$	≤ 0.20	≤ 0.25	≤ 0.30

大多数厂家生产的绢云母质瓷，所用原料不同于国内外其他地区以高岭土、长石和石英为主要原料的三元系统瓷（长石质瓷），其坯料配方基本上是采用瓷石和高岭土两类原料。瓷石的主要矿物成分是绢云母（或水云母）。石英和少量高岭石等经粉碎后也有称为瓷土的，它具有黏土的一般性能，然而Al$_2$O$_3$含量一般在13%～18%，SiO$_2$含量达70%～78%，Fe$_2$O$_3$含量一般为0.6%～0.8%。为了生产的顺利进行，生产企业对瓷石制定了一些相应的企业质量标准，如对其化学组成规定：SiO$_2$ > 65%，Al$_2$O$_3$ > 15%，Fe$_2$O$_3$ < 0.7%，CaO < 1%。

二、对长石的质量要求

由于长石在陶瓷生产中作为熔剂性原料，故要求其中含K$_2$O和Na$_2$O尽可能多，着色氧化物尽可能少，对于其他氧化物（如SiO$_2$、Al$_2$O$_3$等）的含量也应在一定的范围内。因陶瓷生产中大多数使用钾长石或钠长石做原料，故行业标准《日用陶瓷用长石》（QB/T1636-1992）对其化学组成作了相应的规定，见表2-4。

表中虽未有SiO$_2$，但其含量一般应在63%～68%，Al$_2$O$_3$含量一般应在17%～23%，否则可能出现性能上的变化和配比上的困难。同时，也反映出长石质量的不纯。

在外观质量上，一般要求矿石呈致密块状，无明显云母和黏土杂质，无严重铁质污染。矿石或粉末经1350℃高温煅烧后呈半透明和乳白色或稍带淡黄色，无明显斑点和气泡。

表2-4 钾长石、钠长石各级化学组成

类别	等级	化学成分（%）				
		Fe$_2$O$_3$+TiO$_2$	其中TiO$_2$	K$_2$O+Na$_2$O	K$_2$O	Na$_2$O
钾长石	优等品	≤ 0.15	≤ 0.03	≥ 14.0	≥ 12	–
	一等品	≤ 0.25	≤ 0.05	≥ 13.0	≥ 10	–
	合格品	≤ 0.50	≤ 0.10	≥ 10.0	K$_2$O>Na$_2$O	
钠长石	优等品	≤ 0.15	≤ 0.03	≥ 10.0	–	≥ 9.0
	一等品	≤ 0.25	≤ 0.05	≥ 9.0	–	≥ 8.0
	合格品	≤ 0.50	≤ 0.10	≥ 8.0	Na$_2$O > K$_2$O	

陶瓷生产中一般采用钾长石（实际上是钾钠长石中含钾长石较多者），这是因为钾长石熔融后熔体的黏度比钠长石大，且黏度随温度变化的速度慢，烧成温度范围也就较宽，因而避免了高温变形等缺陷的产生，易于烧成。

对长石中含铁量的要求比较严格，不仅因为其影响陶瓷制品的白度，还由于长石常与云母、角闪石等矿物伴生，这些含铁矿物在高温下不能与长石互熔，因而会使制品中出现黑色斑点。

三、对石英的质量要求

陶瓷坯釉料中大部分要使用石英，特别是长石质瓷，石英为其坯料配方中三元组分之一，釉料中的石英在高温下与其他组分形成玻璃体，改善釉面性能。

不同的产品和用途，对石英的质量要求也不同，但要求其 SiO_2 含量尽可能高，而着色氧化物含量要尽可能低，其他如 Al_2O_3、CaO、MgO、K_2O、Na_2O 必须尽可能少，以便适合工艺配方的要求。石英以脉石英为好。值得注意的是，日本在研究配制精细瓷时，有意将黏土中所夹杂的石英剔除，而重新另加等量的脉石英，使制品质量有所提高。

石英的种类较多，一般优质石英中 SiO_2 含量在97%以上，着色氧化物含量常在0.3%以下，其他成分也甚少。

为做好石英原料的标准化，行业标准《日用陶瓷用石英》（QB/T1637–1992）对其外观规定为：块状石英（含加工后的石英粉）通常为白色或乳白色，透明或半透明，无严重铁质污染。石英砂（含粉石英）为白色、灰白色或黄白色，无明显云母和其他杂质。此外，石英和石英砂原矿或粉末经1350℃煅烧后，优等品和一等品为白色，合格品为白色或淡黄色。值得注意的是，有的石英粉末，虽经1350℃高温煅烧，由于条件不同，有时会出现淡红色或玫瑰色，经化学分析其中含着色氧化物（Fe_2O_3、TiO_2 和 MnO）却很少，在配料中使用也无影响，对于这种"假色"的石英，不应轻易舍去，而应做进一步的化学分析和配方试验。行业标准中对于石英化学组成的规定见表2–5。

其他成分虽无规定，但要求成分中的杂质越少越好，特别是其中的 CaO，若含量过高，用于坯料易显绿色，且会降低烧结温度，使坯釉配方的适应变得复杂；若用于釉料中，将使釉的流动性降低，并易形成烧成中的"吸烟"现象。

生产中，最好将石英分级使用。釉用石英原料含着色氧化物应尽量少，以确保釉面的白度；坯用

表2-5　块石英和石英砂各级化学组成

名称	等级	化学成分 %		
		SiO_2	$Fe_2O_3+TiO_2$	TiO_2
块石英	优等品	≥99	≤0.08	≤0.02
	一等品	≥98	≤0.15	≤0.03
	合格品	≥96	≤0.25	≤0.05
石英砂	优等品	≥98	≤0.10	≤0.03
	一等品	≥97	≤0.20	≤0.05
	合格品	≥95	≤0.40	≤0.10

石英原料的要求稍宽泛些,但亦应把握质量关。

四、对滑石的质量要求

滑石是生产镁质瓷(如滑石质日用瓷)的主要原料,滑石也是釉料的常用熔剂原料,在釉料中加入滑石,可提高釉的热稳定性,改善釉层弹性,增大釉的熔融温度范围并提高釉的白度。行业标准《日用陶瓷用滑石》(QB/T1638-1992)规定:滑石经1250℃以上煅烧后,外观呈白色或淡黄色。行业标准对其化学组成的规定见表2-6。

表2-6 滑石各级化学组成

化学成分	等级	
	一等品(含量/%)	合格品(含量/%)
$Fe_2O_3+TiO_2$	≤ 0.20	≤ 0.50
TiO_2	≤ 0.02	≤ 0.04
MgO	≥ 31.00	≥ 30.00
CaO	≤ 0.50	≤ 1.00
Al_2O_3	≤ 1.00	≤ 1.50
I.L	≤ 6.00	≤ 8.00

第九节 各产瓷区常用原料的化学组成

我国瓷用原料资源较为丰富,产地遍及全国。尽管各地原料性质各异,品质有优劣,但作为生产品种繁多的陶瓷制品原料,完全可以就地取材,量材使用,做到物尽其用,发展各地各具特色的陶瓷制品。各产瓷区常见的原料化学组成见表2-7至表2-14。

表2-7 景德镇陶瓷常用原料的化学成分

原料	成分(wt%)											
	SiO_2	Al_2O_3	Fe_2O_3	P_2O_5	TiO_2	CaO	MgO			K_2O	Na_2O	烧失	总量
长石	64.19	18.00	0.16			0.48	0.15		11.33	3.78	1.12	99.61
陈湾瓷石	69.84	19.01	0.84			0.71	0.28		2.59	5.39	1.91	100.57
方解石	0.36	0.09	0.02			55.04	0.54			0.08	43.54	99.67
玻璃粉	70.46	2.08	0.45	0.04		7.59	3.54		1.17	13.82		99.35
烧石英	98.57	0.56	0.11			0.44	0.19	BaO 0.20	0.06	0.07	0.28	100.28
釉灰	3.70	1.48	0.42			51.71	1.61		0.18	0.15	40.59	99.84
二灰	6.35	2.34	0.58			49.84	1.36		0.20	0.14	38.99	99.80
白云石	5.85	0.60	0.48			31.78	19.01		0.08	0.17	42.12	100.29
瑶里釉果	73.99	15.55	0.37			1.76	0.33		2.88	2.63	2.88	100.59
临川高岭	46.84	36.24	1.26			0.05	0.21		7.33	0.70	8.00	100.13
乳白玻璃粉	62.03	3.93	0.81	0.36	0.10	14.34	2.56		7.40	4.78	3.39	99.70
石灰石	0.75	0.15	0.04			55.39	0.10			0.21	43.86	100.00
珊瑚		0.21	0.03			49.27	4.58		0.14	0.88	44.66	100.15

续表

原料	成分（wt%）											
	SiO₂	Al₂O₃	Fe₂O₃	P₂O₅	TiO₂	CaO	MgO			K₂O	Na₂O	烧失	总量
星子高岭土（优质）	49.60	36.23	1.52							0.57	0.80	12.00	
星子高岭土（次质）	50.75	33.86	2.06							1.16	1.02	11.15	
南港瓷土	73.26	16.35	0.85			0.87	0.12			2.10	1.88	3.74	99.77
三宝瓷土	70.13	17.64	0.69			0.54	0.09			4.02	4.68	2.01	99.80
余干瓷土	74.94	14.93	0.99			0.53	0.45			5.90		2.27	100.01
镁质黏土	82.63	4.38	0.78			0.60	7.73			0.25	0.10	3.23	99.70
龙泉石	69.56	12.74	1.68	0.14	0.13	2.14	0.40			4.42	4.03	4.96	100.20
赭石	39.82	9.38	38.84	0.07	0.47	0.40	0.71	S 0.52	MnO 0.04	2.11	0.36	5.60	100.26
紫金土	62.70	20.57	6.23	0.17	0.73	0.23	0.43			2.33	0.21	6.43	100.01
窑渣	60.37	12.94	0.24	1.52	0.38	9.43	4.00	CoO 0.11	MnO 2.25	5.92	0.36	0.27	100.06
星子长石	65.13	19.61	0.60			0.21	0.13			6.67	7.40	0.68	100.43
星子石英	97.97	0.53	0.19			0.33	0.63				0.49	0.23	100.37

表2-8 广东陶瓷常用原料的化学成分

原料 wt%成分	SiO₂	Al₂O₃	Fe₂O₃	CaO	MgO		KNaO	烧失	总量
揭阳长石	63.69	22.96	0.12	0.25	0.44		12.65	0.31	100.69
石英	98.67							1.31	99.98
桑浦石英	97.21	1.13	0.11	0.07	0.13		0.29	0.55	99.49
龙江石	94.10	4.02	0.63	0.32	0.36			0.90	99.98
土白坑泥	66.57	24.8	0.53	0.51	0.64		5.95	2.83	100.83
石部土泥	51.19	33.82	0.33	0.55	0.07		4.91	9.63	100.55
狮山灰	65.12	16.95	4.81	1.19	1.14		10.73	0.91	100.85
绿柱石	53.71	22.37				BeO 8.08	1.44	1.59	
上坪浆石	73.60	16.11	0.63	0.08	1.69		6.17	1.57	99.75
罗君浆石	72.56	16.80	0.50		0.91		6.46	2.45	99.68
滑石	63.47	2.58	0.65	0.94	32.18		0.62	0.43	100.87
石灰石	6.87	0.17	0.41	51.90	0.57			39.01	98.93
玻璃粉	71.20	3.22	0.36	8.36	1.63	MnO 0.08	13.60	1.53	99.67

表 2-9　湖南醴陵陶瓷常用原料的化学成分

原料 wt% 成分	SiO₂	Al₂O₃	Fe₂O₃	CaO	MgO	KNaO	烧失	总量
长石	64.46	18.59	0.13	0.60	0.37	14.72	0.29	99.16
石英	99.06	0.26		0.21	0.09	0.15		99.77
沩山釉泥	76.41	15.32	0.64	0.32	0.72	3.17	3.24	99.82
西山圹泥	79.86	14.66	0.51	0.13	0.35	0.92	3.61	100.04
寨子岭红泥	75.24	15.84	2.20	0.24	0.08	1.63	4.70	99.93
镁质黏土	71.65	2.31	0.81	1.68	17.37	0.07	6.10	99.99
白云石	0.56		0.15	33.58	19.60		44.02	99.91
滑石	63.58	1.75	0.30	0.85	32.56	0.44	0.07	99.55

表 2-10　浙江龙泉陶瓷常用原料的化学成分

原料 wt% 成分	SiO₂	Al₂O₃	Fe₂O₃	TiO₂	CaO	MgO	K₂O	Na₂O	烧失	总量
东山思瓷土	69.50	19.24	0.99		0.53		5.35	0.25	4.25	100.11
坞头瓷土	70.77	18.44	1.08		0.13		5.14	0.52	4.01	100.09
水岱瓷土	66.19	21.69	0.65		0.38	0.41	3.73	0.02	6.26	99.33
毛家山瓷土	65.14	23.00	0.90	0.30	0.27	0.52	5.06	0.07	4.80	100.06
源底瓷土	75.75	16.00	0.88		0.44		2.71	0.27	4.12	100.17
岭根瓷土	67.89	21.42	0.49		0.60	0.13	4.78	0.36	4.23	99.90
大窑瓷土	67.90	20.82	1.59		微		2.37	0.76	6.38	99.82
新岭耐火土	68.10	21.99	4.00		0.63	0.38	4.90	4.90		100.00
宝溪紫金土	46.58	28.29	7.82	1.57	1.16	0.78	3.84	0.35	9.66	100.05
木贷紫金土	57.95	25.57	4.17	0.71	0.47	微	1.43	1.44	8.19	99.93
大窑紫金土	55.10	25.24	8.18	0.67	1.64	微	2.61	0.82	6.00	100.28
富岭石灰石	2.11	0.01	0.05		53.71	0.83			43.02	99.97
糠灰	94.36	1.70	0.61		1.04	微	1.35	1.35	0.27	99.30

表 2-11 山东淄博陶瓷常用原料的化学成分

原料 wt% 成分	SiO$_2$	Al$_2$O$_3$	Fe$_2$O$_3$	TiO$_2$	CaO	MgO	K$_2$O	Na$_2$O	烧失	总量
狼屎土	18.03	6.52	1.20	0.48	35.10	8.23			31.10	100.66
石灰石		2.74	0.07		54.56	0.71			42.56	100.64
白千石	61.40	2.87	0.48	0.19	2.34	4.75			27.78	99.70
大同土	46.80	36.60	0.30		0.09	0.09			15.50	99.38
滑石	62.56	0.44	0.11		0.03	32.17			4.02	99.33
长石	66.70	18.40	0.19		0.08	0.19	11.06	2.35	0.09	99.06
石英	98.94	0.99			0.07	0.13				100.13

表 2-12 河北邯郸陶瓷常用原料的化学成分

原料 wt% 成分	SiO$_2$	Al$_2$O$_3$	Fe$_2$O$_3$	TiO$_2$	CaO	MgO	K$_2$O	Na$_2$O	烧失	总量
长石	65.06	19.06	0.15			0.48	10.25	5.46	0.33	100.79
石英	98.41	9.60			0.16	0.78		0.22		109.1/
章村土	46.00	40.70	0.20	0.20	0.24	0.05	0.21	2.55	4.53	94.68
大同土	45.16	40.56	0.26	0.36	0.10				14.46	100.9
苏州土	47.69	37.60	0.31		0.19	0.06		0.03	14.06	99.94
滑石	57.24	0.51	0.10	0.40	0.29	33.97			8.30	100.81
白云石	0.17	0.07	0.07		30.29	21.63			47.22	99.45
石灰石	2.76	0.95		0.30	53.75	0.16			41.79	99.71
黑湖石	58.98	15.99	4.00	0.80	7.42	2.70			8.67	98.56
班化石	9.80	2.65	75.60		0.63	0.24			10.20	99.12
大青土	57.36	29.20	1.00	1.39	0.23	0.18	0.86	0.09	9.95	100.26
方解石	0.37	0.46	0.10	0.10	56.54	0.37			43.37	101.31
玻璃粉	71.20	1.20	0.32		10.54	1.30	0.20	19.20		

表 2-13　河北唐山陶瓷常用原料的化学成分

原料 wt% 成分	SiO$_2$	Al$_2$O$_3$	Fe$_2$O$_3$		CaO	MgO		Na$_2$O	烧失	总量
石英	99.09	0.95	0.09							100.13
长石	64.20	18.98	0.21	0.13	0.24	0.16	12.92	2.94	0.26	100.04
滑石	59.47	0.85	0.45		1.45	34.35	0.17	0.25	3.03	100.02
石灰石	0.26	0.40	0.16		55.80	0.65			43.54	100.81
瓷粉	71.83	18.65	0.36	0.11	0.34	3.98	1.09	1.75	0.15	100.26
碱石	44.59	38.32	1.36	0.29	0.58	0.01			14.71	99.86
大同土	44.27	39.10	0.25	0.36	0.29		0.12	0.14	14.98	99.51
苏州土	46.98	38.57	0.02	0.05	0.71	0.09	0.07	0.08	13.86	100.53

表 2-14　江苏宜兴陶瓷常用原料的化学成分

原料 wt% 成分	SiO$_2$	Al$_2$O$_3$	Fe$_2$O$_3$	CaO	MgO	K$_2$O	Na$_2$O	烧失	总量
紫砂泥	55.95	25.69	9.11	0.51	0.54	1.02	1.02	7.48	100.32
白土	63.92	21.85	5.23	0.25	0.40	1.23	1.23	4.67	99.36
土骨	32.02	10.14	43.96	1.43	0.27	0.85	0.54	11.13	100.34
泥浆	62.25	15.68	6.75	3.42	1.92	1.20	1.20	7.31	
石英	99.08	0.07	0.04	0.65	0.16	1.42	0.30	0.07	100.07
白泥	70.25	20.90	1.80	0.45	0.39			5.08	100.59
石灰石	0.51	0.08	0.79	54.43	0.71			43.44	99.85
方解石	0.12	0.49	0.04	54.61	0.78			42.96	99.00
新川瓷土	74.82	16.09	0.65	0.14	0.37	4.07	4.07	3.50	99.61
望城长石	59.00	23.09	0.21	微	微		13.95	3.75	100.00
苏州土	47.69	37.66	0.31	0.19	0.06		0.03	14.06	99.94
玻璃粉	72.50	1.50	0.30	10.05	1.50		13.50		99.80
窑汗	48.26	6.73	0.85	15.92	4.03	10.20	1.15	11.54	99.68

第三章 坏 料

坯体是陶瓷产品的主体。它是由若干种原料按比例配合、经过规定的工艺制度加工而成。陶瓷制品的种类繁多，由于对制品的性能要求和所用原料各不相同，所采用的瓷质类型很多，比如黏土质坯料、长石质坯料、绢云母质坯料等。

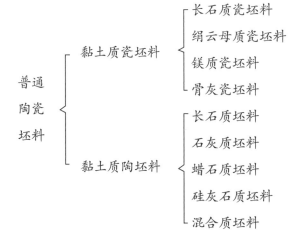

第一节 坯料配方设计及计算

一、配方的依据

在进行生产之前，必须确定产品的配方，在确定产品的配方之前又必须做到对所用的原料的化学组成、矿物组成以及物理性能、工艺性能等有全方位的了解。只有这样，才能科学地指导配方工作顺利进行。与此同时，对产品的质量要求，如哪些性能指标必须保证，哪些指标可以兼顾，要做到心中有数。

确定陶瓷配方，应注意下列几个问题：

1. 对产品的物理化学性能和使用性能的要求

不同的产品种类有不同的要求，比如日用瓷注重的是它的白度、透明度等一些表观指标。还有一个非常重要的指数是铅、镉离子溶出量的测定，因为在装饰陶瓷产品的低温釉料和颜料中，常引入含铅、镉等重金属离子，所以施这种釉料及颜料的餐具，在使用时与食物长期接触后会不同程度地溶解在酸性食物中，对身体不利，因此我国对这类指标的检测也是非常严格的。建筑陶瓷的尺寸规格要求一致，釉面光滑平整，吸水率要求在一定的范围内。卫生陶瓷要有良好的冲水功能，较低的吸水率，较好的防污能力等。

2. 生产条件和原有的生产经验

前人累积的经验数据是非常具有参考价值的。原料可能由于产地等不同性能而具有一定的差异性，因此到实际运用时应该注意结合他人的生产经验再配以自己的实际情况。

3. 可选择使用的原料

有时几种原料单独作为配方时可能都具有良好的效果，但是一起加入时可能会产生某种反应，这是需要注意的。

4. 对生产工艺的要求

具体来说包括适应成型、干燥和烧成的要求。用于自动生产线的坯料，一方面要求组成和性能稳定，还要求有较高的生坯强度，坯料的烧成范围尽可能宽些，以利于烧成。采用快速烧成制度时，坯料的干燥与烧成收缩尽可能小些，膨胀系数要求小，且希望它随温度的变化呈直线关系。此外，釉料是附着在坯体表面的，釉料的配方应结合坯体性质一并考虑。例如，釉和坯的化学性质不宜相差过大，以免坯体吸釉，产生干釉现象。釉的熔融温度宜和坯的烧结温度相近。釉的膨胀系数稍小于坯，这样可增加产品的机械强度并防止变形。

5. 对原料的要求

原料的质量和来源稳定是生产和产品性能稳定的前提。陶瓷工厂往往因原料的变更导致对配方的频繁改变，引起质量的波动，而原料价格高低直接影响产品竞争力和企业效益。原料来源丰富、质量稳定、运输方便（就近原则）、价格低廉是生产优质、低成本产品的基本条件。

二、配料计算

（一）坯料组成的表示方法

物质的化学组成可以用许多方法表示。例如，对于化学纯的物质（在原料上一般有优级纯、化学纯、分析纯和工业纯四种，这代表试剂的纯度级别。化学纯是指一般化学试验用的试剂，有较少的杂质；分析纯是指做分析测定用的试剂，杂质更少，作为

一般分析测定用；优级纯原料作为精密仪器分析用；工业纯原料就是用在工业生产中的原料纯度级别。在纯度级别上，优级纯 > 分析纯 > 化学纯 > 工业纯）可以用分子式，对于结构复杂的物质可以用晶体的化学式（或称结构式），一般的物质可以用元素的百分比或氧化物的百分比表示。

对于坯体这种混合物，它不是某个单一的化学成分组成的，而是多元素混合物，表达它的组成方法主要有以下五种：

1. 配料量表示法

属最常见方法，列出每种原料的百分比即可。

例如刚玉瓷配方：工业氧化铝：95.0%；

苏州高岭土：2.0%；

海城滑石：3.0%。

此法之优点：具体反映原料的名称和数量，便于直接进行生产和试验。此法之缺点：各工厂所用及各地所产原料成分和性质不相同或即使是同种原料，只要成分不同，配料比例也须作相应变更，无法进行相互比较和直接引用。

2. 示性矿物组成表示法

把天然原料中所含的同类矿物含量合并在一起用黏土、石英、长石三种矿物的重量百分比表示坯体的组成。

依据：同类型的矿物在坯料中所起的主要作用基本上是相同的。

优点：用此法进行配料计算时比较方便。

缺点：矿物种类很多，性质有差异，在坯料中的作用也有差别，因此用此方法只能粗略地反映一些情况。

3. 化学组成表示法

根据化学全分析的结果，用各种氧化物及灼减量的重量百分比反映坯料和釉料的成分。

名称	化学组成（wt%）									
	SiO₂	Al₂O₃	Fe₂O₃	TiO₂	CaO	MgO	K₂O	Na₂O	ZnO	灼减量
日用瓷坯	66.88	21.63	0.47	–	0.61	0.37	2.94	0.62	–	5.47
日用瓷釉	70.10	12.52	0.31	–	2.72	1.53	5.85	2.52	1.44	2.95

优点：利用上表数据可以初步判断坯、釉的一些基本性质，根据原料的化学组成可以计算出符合既定组成的配方。

缺点：原料和产品中这些氧化物不是单独、孤立存在的，它们之间的关系和反应情况比较复杂，因此此方法有局限性。

4. 实验公式（赛格式）表示法

坯式或釉式：根据坯和釉的化学组成计算出各氧化物的分子式。按照碱性氧化物、中性氧化物和酸性氧化物的顺序列出它们的分子数。这种表示法称为坯式或釉式。

坯式：以中性氧化物"R_2O_3"为基准，令其分子数为1，则有：

$$\left.\begin{array}{c} xR_2O \\ \\ yRO \end{array}\right\} 1R_2O_3 \cdot zSiO_2$$

釉式：因碱、碱土金属氧化物起熔剂作用，所以釉式中常以它们分子数之和为1，即：

$$1\left\{\begin{array}{c} R_2O \\ \\ RO \end{array}\right. mR_2O_3 \cdot nSiO_2$$

5. 分子式表示法

电子工业用的陶瓷常用分子式表示其组成。如最简单锆-钛-铅固溶体的分子式：$Pb(Zr_xTi_{1-x})O_3$，$PbTiO_3$中的Ti有x%被Zr取代。

陶瓷中常掺和一些改性物质。它们的数量用重量百分数或分子百分数表示。如：

$Pb_{0.920}Mg_{0.040}Sr_{0.025}Ba_{0.015} \cdot (Zr_{0.53}Ti_{0.47})O_3$
$+0.5wt\% CeO_2+0.225wt\%MnO_2$

表示：$Pb(Zr_{0.53}Ti_{0.47})O_3$中的Pb有4%分子被Mg取代，2.5%分子被Sr取代，1.5%被Ba取代；$PbTiO_3$中的Ti有53%分子被Zr取代。CeO和MnO_2为外加改性物质。

（二）配料计算

1. 从化学组成计算实验式

第一步：首先把化学组成转换成无灼减量的化学组成。

第二步：用氧化物的分子量去除各氧化物的百分含量的数值，也就是不含百分号的数值，得到该氧化物的摩尔数。

第三步：以中性氧化物或碱性氧化物的和为总和，分别除其他各氧化物的摩尔数，得到一套以中性氧化物或碱性氧化物为1mol的各氧化物的数值。

第四步：按顺序排列好。

2. 由实验式计算坯料的化学组成

（1）用坯式或釉式中各氧化物的分子数乘以其分子量，得到其重量。

（2）用氧化物重量之和去除各氧化物的重量，得到它们的重量百分比。

例如，求下列坯式的化学组成：

$$\left.\begin{array}{l} 0.086K_2O \\ 0.120Na_2O \\ 0.082CaO \\ 0.030MgO \end{array}\right\} \left.\begin{array}{l} 0.978Al_2O_3 \\ 0.022Fe_2O_3 \end{array}\right\} 4.15SiO_2$$

解：列表计算结果

	SiO_2	Al_2O_3	Fe_2O_3	CaO	MgO	Na_2O	K_2O
坯式中分子数	4.15	0.978	0.022	0.082	0.030	0.120	0.086
分子量	60.1	102	160	56.1	40.3	62	94.2
氧化物重量	249	99.76	3.52	4.59	1.20	7.44	8.08
其重量和	373.59							
各氧化物重量	249/373.59							
	SiO_2	Al_2O_3	Fe_2O_3	CaO	MgO	Na_2O	K_2O
百分比	66.65	26.70	0.91	1.25	0.33	2.00	2.15

3. 由配料量计算实验式

4. 由实验式计算配料量

5. 由示性矿物组成计算配料量

（1）将原料中各种氧化物的百分数以其分子量除之，得出各氧化物的分子数。

（2）化学组成中的 K_2O、Na_2O、CaO 各自与相当量的 Al_2O_3、SiO_2 相结合，作为钾长石、钠长石和钙长石，由总的 Al_2O_3、SiO_2 的量减去长石中的 Al_2O_3 和 SiO_2 的量。若 Na_2O 含量比 K_2O 少得多，则可以把二者的含量计算为钾长石。

（3）剩下的 Al_2O_3 的量作为高岭土成分，减去高岭土带进的 SiO_2 的量，剩下的 SiO_2 的量即是石英量。比较剩余的 Al_2O_3 和 SiO_2 的量，若 Al_2O_3 的量较多，则过多的 Al_2O_3 可当作水铝石 $Al_2O_3 \cdot H_2O$ 来计算。

（4）若判断确有 CO_3^{2-} 存在，则 MgO 可当作菱镁矿，CaO 可计算为 $CaCO_3$；若不存在 CO_3^{2-}，则 MgO 可计算为滑石（$3MgO \cdot 4SiO_2 \cdot H_2O$）或蛇纹石（$3MgO \cdot 4SiO_2 \cdot 2H_2O$）形式计算。

（5）Fe_2O_3 可看作赤铁矿（Fe_2O_3）存在，若组成中的烧失量（假定为水）减去高岭土及滑石等矿物中的结晶水后还有一定量，则可把 Fe_2O_3 计算为褐铁矿（$Fe_2O_3 \cdot 3H_2O$）。

（6）TiO_2 一般可由 FeO 与 TiO_2（$FeO \cdot TiO_2$）构成钛铁矿，故可自 Fe_2O_3 中取出 FeO 以计算钛铁矿的含量。所余 TiO_2 可视为金红石。

（7）制造精陶瓷产品所用的黏土类原料中所含 Fe_2O_3、TiO_2、CaO、MgO 等很少，可以不考虑它们所造成的矿物数量。

（8）云母与钾长石、高岭土同时存在时，不能以此法计算。为了便于计算，可将云母中的 K_2O 计算为钾长石，Al_2O_3 计算为高岭土，多余的 SiO_2 以石英计。

（三）坯料酸度系数的计算

坯料的酸度系数是指坯式中酸性氧化物的分子数与碱性氧化物和中性氧化物分子数的比值，一般以 C·A 表示。

酸度系数是陶瓷坯料的一个重要性能指标，可以用来评价坯、釉的高温性能。一般酸度系数大，说明坯易软化，烧成时变形倾向大，烧成温度要低。在瓷的性能上透明度提高，但热稳定性降低。

C·A=RO_2/（$R_2O+RO+3R_2O_3$）

日用瓷：1.26 ~ 1.65

软质瓷：1.63 ~ 1.75

硬质瓷：1.1 ~ 1.3

第二节　各种氧化物在瓷坯中的作用

1. SiO₂

SiO₂系酸性氧化物，是坯料中的主要化学成分，由原料中的石英、黏土及长石引入，是成瓷的主要成分。SiO₂在高温时一部分与Al₂O₃反应生成针网状莫来石（二次莫来石）晶体，成为胎体的骨架，以提高瓷器的机械强度和化学稳定性；另一部分与长石等原料中的碱金属和碱土金属氧化物形成玻璃态物质，增加液相的黏度，并填充于坯体骨架之间，使瓷坯致密并呈半透明状。但是坯料中SiO₂含量过高会形成过多的游离石英，游离石英的膨胀系数大，会使产品出现裂纹，如果含量超过75％接近80％时，瓷坯烧后热稳定性变差，易出现自行炸裂现象。

2. Al₂O₃

坯料中的Al₂O₃主要由高岭土、长石引入，也是成瓷的主要成分。部分Al₂O₃为莫来石晶体组成物，另一部分存在于玻璃相中。Al₂O₃可以提高瓷的化学稳定性与热稳定性，提高瓷的物理化学性能和力学性能，提高瓷的白度。Al₂O₃含量过多会提高瓷的烧成温度，若过少（低于15％），则瓷的烧成温度低，在高温中坯趋于易熔，容易变形。

3. K₂O与Na₂O

主要由长石、瓷土等含有碱金属氧化物的原料引入，存在于玻璃相中以提高其透明度，并起助熔的作用。据湖南界牌瓷厂研究，K₂O可使瓷的音韵洪亮、铿锵有声，而Na₂O过多，则瓷的声音沉哑。一般K₂O与Na₂O的总量控制在5％以下为宜，否则会急剧降低瓷的烧成温度与其热稳定性。

4. 碱土金属氧化物（CaO、MgO等）

我国瓷中的碱土金属氧化物，在一般情况下含量较少，一般都是原料中带入的。如果不是特别引入的话，含量一般在1～2％，在这种情况下，只与碱金属氧化物共同起助熔作用。但引入CaO、MgO等，可以相对地提高瓷的热稳定性和力学强度，提高白度和透明度，改进瓷的色调，减弱铁、钛的不良着色影响。

5. 着色氧化物

瓷坯组成中的铁、钛氧化物含量较微，但它们的有害影响却很大，可使瓷坯发色不好，影响其外观品质，尤其是铁的氧化物。三价铁离子在空气中烧成后一般着黑色，而钛离子一般呈黄色。

烧成气氛对陶瓷制品来说，是十分重要的，氧化的气氛产生于完全燃烧的火焰，还原的气氛产生于不完全燃烧的火焰。白瓷原料中都含有少量的Fe₂O₃，德化地区原料一般含Fe₂O₃在0.8％左右，优质原料含Fe₂O₃在0.4％以下，由于Fe₂O₃的着色力极强，会使瓷器染上赤黄、黑色，严重影响瓷器的白度。若将陶瓷坯体中的Fe₂O₃还原成低价的氧化物或金属铁，那么瓷器就显得更白或白里泛青，品相更佳。

6. 烧失量

又称灼减量，是指坯料在烧成过程中所排出的结晶水，碳酸盐分解出的CO₂，硫酸盐分解出的SO₂，以及有机杂质被排除后物量的损失。坯料烧失量越大，制品的收缩率就越大，容易引起变形、开裂等缺陷。所以要求瓷坯灼减量一般要小于8％。对于陶器无严格要求，但也要适当控制，以保持制品外形一致。

7. 原料选用原则

实际生产中的配方是考虑具体原料与生产工艺

条件等因素，而制定的生产配方。原料选用原则：首先要满足陶瓷制品的性能与质量要求，其次是满足生产工艺的要求，最后要充分利用物质资源，做到物尽其用。

（1）高岭土及黏土的使用：有的厂采用一种黏土，有的厂使用几种黏土的组合，这主要是从组成及成型性能考虑。高岭土较纯则可塑性较差，引入一定数量的强可塑性黏土可提高可塑性及结合强度。采用膨润土用量应小于5%。若黏土可塑性太强，但又必须大量使用时，可将部分黏土煅烧（用量小于10%）。

（2）长石：根据长石的熔融性能，一般采用钾多的钾钠长石，可生成低共熔点矿物，降低烧成温度。要求长石中纯钠长石含量在30%以下，从化学成分上看，长石中的钾钠比应为3∶1以上。

生产中也可采用伟晶花岗岩或其他一些富含石英和长石的岩石代替长石、石英，如广东常采用风化长石原矿来代替长石。

（3）石英：在低温下主要起到减粘作用，降低坯体的收缩，利于干燥，防止变形。

在高温下则参与成瓷反应，熔解在长石玻璃中，提高黏度，一部分残存下来，一部分转化成为方石英，构成骨架，提高强度。

（4）其他原料：

① 1～2%的滑石：可使瓷化温度降低20～30℃，扩大烧结温度范围，提高瓷的抗冲击及抗弯曲性能。加入量多时，还可提高制品的白度。

② 废瓷粉：可改善瓷的性能，调节坯釉结合性，且能废物利用，降低成本（加入量小于10%）。

③ 磷酸盐物料：可降低铁、钛的着色影响。

④ 氧化钴：微量的氧化钴可降低氧化焰烧成时的黄色。Co的青蓝色与棕黄色互为补色，而使瓷体白里泛青（加入量0.05%左右）。

第三节　长石质瓷

长石质瓷是目前国内外陶瓷工业普遍采用的一种瓷质。它是以长石作助熔剂的"长石－高岭土－石英"三组分系统瓷。

长石质瓷的瓷胎中由玻璃相、莫来石晶相、残余的石英相及少量的气孔等组成。其瓷质洁白、吸水率低、力学强度高、化学稳定性好，热稳定性好。长石质瓷多用于茶具、餐具、装饰美术瓷器及陈设瓷器等。

1. 示性矿物组成

长石质瓷利用长石在较低的温度下熔融形成高黏度的液相的特性，以长石、石英、高岭土为主要原料，按一定比例配合成坯料，再在一定的温度范围内烧后成瓷。长石质的示性矿物组成是指在能够成瓷的前提下，理论上的长石、石英、高岭土三种矿物的配合比例。

我国日用瓷的示性矿物组成范围一般为：

长石：20%～30%，石英：25%～35%，黏土物质：40%～50%。

我国的长石质瓷的烧成温度一般为1250～1350℃，有些南方瓷厂可达1400℃。

用作建筑卫生瓷的长石质坯料：

长石：25%～40%，石英：10%～25%，黏土

物质：30%～40%。

烧成温度一般为1180～1280℃。

一般认为，烧成温度在1300℃以上的为高温瓷，而在1300℃以下烧成的为低火瓷。窑炉也是这样，一般来说，能在不高于1300℃的温度下使用的是低温炉，高温炉一般能达到1600℃或1700℃。

2. 长石质瓷的瓷胎组成

长石质瓷瓷胎由残余石英、半安定方石英、莫来石和玻璃相构成。

残余石英：8%～12%

半安定方石英：6%～10%

莫来石晶相：10%～20%

玻璃相：50%～60%

日用陶瓷烧成温度达不到使石英充分晶型转化的条件，一般这种情况下烧成后得到半安定方石英及少量其他晶型，结构近似方石英，形成温度为1200～1250℃。

3. 长石质瓷的化学组成

为了满足生产工艺和产品的使用性能等各方面要求，一般长石质瓷坯的化学组成应控制在如下范围：（见表3-1）

4. 长石质瓷的物理化学基础

任何硅酸盐工艺岩石制品的生产，都是在实践经验的基础上，以一相应的相图为其基本依据去寻找它们的合理组成，选择烧结温度范围，调整性能，改进配方，分析指导工艺过程的。例如普通玻璃是

表3-1　我国长石质瓷坯料配方及化学组成

序号	厂名及料别	配方 %	化学组成（wt%）									酸性系数	烧成温度℃
			SiO$_2$	Al$_2$O$_3$	Fe$_2$O$_3$	TiO$_2$	CaO	MgO	K$_2$O	Na$_2$O	灼减量		
1	河北邯郸二瓷厂坯料	石英22　长石13 大同砂23　木节5 衡阳土25　章村土6 易县土6	68.82	20.15	0.29	0.25	0.34	0.52	1.85	0.60	6.85	1.77	1200~1300
2	河北邯郸一瓷厂坯料	石英35　长石22 生砂石36　木节7	67.82	20.06	0.223	0.262	0.304	0.034	3.04	0.82	7.48	1.75	1280~1300
3	湖南建湘瓷厂坯料	界牌桃红泥35 衡山东湖泥37 衡山马迹泥5 山西阳泉泥3 平江长石20	70.17	20.46	0.45		0.32	0.23	3.24	5.8	1.43		1400~1410
4	湖南国光瓷厂坯料	马劲坳瓷石40　干冲泥15 界牌桃红泥15 衡山何关泥30	69.10	20.10	0.45		0.42	0.46	4.27	5.28	1.71		1390~1400
5	江西景德镇新华瓷厂碗类坯料	南港不子54 南港雷蒙粉14 余干不子7　三宝蓬不子7 星子不子18	67.39	21.47	0.52		0.96	0.42	2.91	1.06	5.32	1.56	1330~1350 （还原焰）
6	江西景德镇东风瓷厂壶类坯料	南港瓷石69　余干瓷石10 星子高岭土21	70.67	19.28	0.72		0.79	0.21	2.98	0.22	4.97	1.87	1290（还原焰）

以"Na$_2$O-CaCO$_3$-SiO$_2$"三元系统相图为依据，水泥是以"CaO-Al$_2$O$_3$-SiO$_2$"三元系统相图为出发点，而一般普通陶瓷的生产则是以"K$_2$O-Al$_2$O$_3$-SiO$_2$"三元系统相图为基础，如图3-1所示。

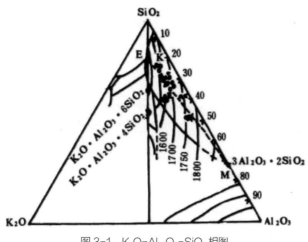

图3-1 K$_2$O-AL$_2$O$_3$-SiO$_2$相图

硅酸盐产品中有三大相图，一个是钾－铝－硅相图，一个是镁－铝－硅相图，还有一个是钙－铝－硅相图。

图3-1这个相图中有四个三元化合物，图中只标出了两个，也就是说钾长石KAS$_6$和白榴石KAS$_4$；另外还有两个，一个是钾霞石KAS$_2$，一个是目前性质还未明的化合物KAS。这四个化合物的氧化钾与氧化铝的含量的比值是相等的。从三角形上可知，它们都位于由氧化硅引出的到底边的中点处这条中线上。E为最低共熔点，也就是氧化铝、氧化硅和氧化钾三者共熔的最低温度，大概在990℃左右。从图中右部的等温线可以看出，瓷的组成点越远离最低共熔点，那么这个组成的烧成温度，也就是成瓷温度越高。比如，钾长石大约在1130℃就形成了，在1150℃就开始分解成了白榴石KAS$_4$和富硅液相了。而KAS$_4$的熔点达到了1686℃，随后在1800℃钾霞石KAS$_2$和化合物KAS开始熔融。

从这个相图中我们可以看出：越靠近莫来石晶相的组成点，成瓷温度越高。所以这也说明莫来石是需要高温合成的，因此其也常作为耐火材料使用。但是莫来石的合成温度过高必然会导致合成困难，而使成本增加、窑炉损耗等等，因此也有很多研究者对降低莫来石的合成温度进行研究，也有不错的进展。

此相图中，长石质瓷的坯料组成范围处于图中右上角的莫来石区域所围成的范围（S-KAS$_6$-3A$_2$S），也就是莫来石（M点）与最低共熔点（E点）连线的两侧。此区域中的物相是玻璃态物质、莫来石晶体、残余二氧化硅，它们是多相混熔物，冷凝后成为洁白的产物，即瓷。（陶瓷在结构上来说都是由结晶物质、玻璃态物质和气泡所构成的复杂系统，也就是说陶瓷中含有晶相、玻璃相、气相三相）。尽管瓷的成分复杂多变，各地的原料情况不同，有时候相同氧化物所含的百分比相差较大，但无论怎么变，始终是在这一区域内波动，所不同的只是所处的位置、物相组成和形成温度而已。从理论上说，M、E的连线上的莫来石区域中，石英晶体应全部熔融，长石消失，只有莫来石晶相和玻璃相，但是实际上由于不同原料形成的坯体成瓷的温度不同，因此不可能达到如图所示的平衡状态，瓷中总会残留一定量的石英和其他残留物。

图3-1中所示的只是一部分，实际上这个相图还包含有很多内容，比如靠氧化硅的小三角可以显示石英的各种晶型以及相对应的转化温度。对相图中任意一个点，我们都可以根据它的位置推断出它的组成，用作平行线的方法，比如说相图中任意一点A，过这点作A、S的平行线，与另外两边的交点到A、S的距离，就是含K$_2$O的百分含量，因为每个边都被分为了10等份，靠哪个组分越近就说明含

这个组分的含量越多，因此根据这个相图可以对陶瓷的组成和温度特性的进行选择。其对高岭土的加热分解、钾长石的加热分解、石英的晶型转化以及釉的组成和熔融特性等具有指导意义。

第四节 镁质瓷

镁质瓷是以滑石为主要原料，具有不同于普通陶瓷的晶相（物相），具有良好的透明性、电气性能及介质损耗小、绝缘强度高、气孔率低、瓷胎致密等特点，同时具有高的机械强度和较好的化学稳定性、热稳定性等性能。曾被誉为陶瓷中的"阳春白雪"，广泛应用于制作高频无线设备中的绝缘零件。

镁质瓷属于"$MgO-Al_2O_3-SiO_2$"三元系统瓷，是以含氧化镁的硅铝酸盐为主晶相的瓷。按照瓷坯主晶相不同，可以将其分为：堇青石瓷、滑石瓷、镁橄榄石瓷和尖晶石瓷。其中滑石瓷是一种用含水硅酸镁为主的天然矿物原料制备出以偏硅酸镁（化学式 $MgSiO_3$）为主晶相的陶瓷产品。滑石瓷是一种高性能的材料，在各大工业领域应用广泛，也是高档日用美术瓷的材料。由于滑石瓷的泥浆稠化度大，可塑性较差，烧成温度范围窄等原因，滑石瓷的批量生产受到极大的阻碍。堇青石瓷，由于其膨胀系数低，热稳定性好，常用于体积不随温度变化的绝缘材料或电热材料中。镁橄榄石瓷具有电导率低、热膨胀系数低、热传导率低、介电常数低、介质损耗低、比体积电阻大、耐压强度高、化学性质稳定等特点，广泛应用于保温材料、微波通信材料及电子陶瓷等领域，在电真空领域常用作耐高温材料。镁质瓷按呈色的不同，主要分为米黄白镁质瓷和象牙白镁质瓷两种。

镁质瓷的理论基础是"$MgO-Al_2O_3-SiO_2$"三元

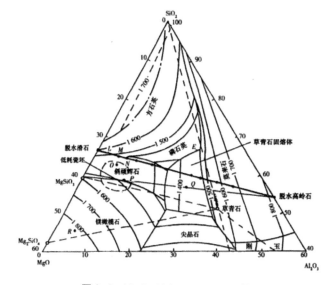

图 3-2　$MgO-Al_2O_3-SiO_2$ 三元系统

系统，见图 3-2。镁质瓷的配方主要是滑石加少量的黏土，因此它的组成一般是在偏高岭石与脱水滑石的连线上或偏滑石的一侧，该连线穿过最低共熔点（1345℃）。对镁质瓷而言，液相量为 35% 时会使瓷坯充分烧结，接近 45% 时则会造成变形，它们的烧成温度范围都较窄，不易控制。这是烧制镁质瓷的关键所在，以镁质瓷的系统相图为基础，引入长石作为助熔剂，可得到原顽辉石－堇青石质日用细瓷。坯料组成中的滑石用量减少，相应地增加黏土用量，可改变成形性能，降低烧成温度，扩大烧成温度范围。随着长石量的增加，液相量也增加，因液相的黏度较大，且两者随温度变化的速度较缓慢，所以即使含有大量的长石，也不容易变形。

镁质瓷存在烧成温度范围窄，坯料泥浆性能难控制，容易出现瓷件老化现象等。

1. 瓷件老化的原因

老化是指制品在贮存、运输、加工或使用过程中自行产生裂缝、空隙或松散的现象。

滑石在加热过程中于 600~1000℃排出结晶水，晶格破坏，生成偏硅酸镁，同时分解出一部分活性极大的 SiO_2，其化学反应式为：

$$3MgO \cdot 4SiO_2 \cdot H_2O \Longrightarrow 3MgO \cdot SiO_2 + SiO_2 + H_2O$$

其中 $MgO \cdot SiO_2$ 为偏硅酸镁。反应过程中，当温度达到 1200 ~ 1300℃时，偏硅酸镁大量形成原顽火辉石。偏硅酸镁具有三种晶体形态，除原顽火辉石外，还有斜顽火辉石和顽火辉石。其中，顽火辉石是低温稳定型，原顽火辉石是高温稳定型。温度升高时，顽火辉石不可逆地转变为原顽火辉石；冷却时，原顽火辉石并不转变为顽火辉石，而转变为斜顽火辉石。其转变历程如下：

$$顽火辉石 \xrightarrow{1260℃} 原顽火辉石 \xrightarrow[1100℃]{（十分缓慢）< 700℃} 斜顽火辉石$$

由于滑石原料的预烧温度（高于 350℃）和烧成温度（1320℃左右）都超过 1260℃，因此，滑石瓷的主晶相必为原顽火辉石。理论上，高温稳定相原顽火辉石在冷却过程中，当温度低于 700℃时会缓慢转变为斜顽火辉石。但由于转变迟缓，冷却速度快，且晶粒被高黏度的熔体相所包裹，致使在实际生产中，相变很难完成，最终仍以原顽火辉石保留下来，而在常温下以介稳相存在。虽然有些滑石瓷胎体中发现有斜顽火辉石夹杂在均匀分布的原顽火辉石之中，但含量极少。

斜顽火辉石光学性质与原顽火辉石相似，属单斜晶系，呈短柱状和多边粒状，粒径一般 <15μm。石瓷胎体由原顽火辉石主晶相构成，但作为介稳相，它仍然具有向稳定相斜顽火辉石转变的趋向，

即使是常温，也会继续缓慢发生这一相变。由于原顽火辉石密度为 $3.10g/cm^3$，而斜顽火辉石密度为 $3.19g/cm^3$，所以完成转变的同时将伴随着体积收缩（ 6% ），其后果将导致瓷体结构松散，即滑石瓷制品的后期粉化问题。

镁质瓷老化是由偏硅酸镁晶型转变而引起的体积变化，可以加入抑制剂（ZnO、BaO、ZrO_2），使晶粒高温时不要变大。抑制剂能增加制品高温时的黏度，而高黏度的玻璃相能抑制晶粒的变大，形成细晶结构，从而提高机械强度。抑制剂用量一般不超过 4%，如果用量过多，将会出现第二晶相，增加结构的不均匀性，降低瓷坯的质量。制品中游离石英越少越好，否则会诱导相变。

如果能适当调整瓷料配方，使其在固相反应和烧结过程中出现少量的液相，可避免体积效应的发生，即防止老化。因为玻璃相多存在于晶界中，会对晶界的运动起阻碍作用，即造成所谓的"钉扎效应"，阻止 $\beta-$ 顽火辉石朝 $\alpha-$ 顽火辉石转变。如果能使陶瓷制品形成细晶粒多晶界结构，那么即使出现体积效应较大的位移式相变，由于每一个细小晶粒膨胀或收缩的绝对线度小，且随机取向，大量的晶界可以使这种体积效应均匀地缓冲过来。这种措施本身虽不能阻止晶型转变的发生，但可使陶瓷制品免于炸裂。

总体来说，关于镁质瓷的老化和结构应力，只要组成合理，董青石含量不要过多，有足够的、高黏度的玻璃相，抑制原顽辉石向斜顽辉石转化，控制晶粒尺寸，避免游离 SiO_2 晶体出现，特别是方石英转化，并在工艺上控制初始粒度，控制好烧成温度，就会有效地消除瓷坯的老化和结构应力问题。

2. 烧成温度范围窄的原因

烧结良好的滑石瓷胎中，玻璃相约占 35%，属

于硅酸盐玻璃，并处在介稳的热力学平衡状态。组分间的作用也是非线性的，同其他瓷质的玻璃相一样，起着浸润固相并坚固结晶相骨架的作用。在瓷坯形成过程中，它填充在瓷坯晶相骨架之中，抑制晶体发育长大及其相变的发生。但液相量多少及液相性质会直接影响成瓷过程及烧成控制。烧成初期，由于主要是长石熔体，不仅本身黏度大，随温度变化小，加之滑石分解出的活性 SiO_2 组分不断熔入液相，致使液相黏度较大，且增加缓慢，液相与固相比值几乎不变。而在烧成后期，由于共熔作用含镁组分不断进入熔体，不仅大大降低了熔体黏度，而且液相数量迅速增加，使液、固相比值急剧变化，导致烧成温度范围狭窄（20～40℃）。为此，确定合理的配方组成，引入适量长石与黏土，既能促进烧结，

又可拓宽烧成温度范围，并赋予坯体良好的性能。也可加入 ZrO_2、ZnO、$BaCO_3$ 来扩大烧成温度范围。

3. 坯料泥浆性能难控制的原因

镁质瓷瘠性材料过多，导致坯料存在可塑性差、难以成型、易裂坯、在泥料中易沉淀等缺陷。为改善镁质瓷的这些缺陷，可以加入高塑性的膨润土及粘合剂解决坯料塑性差、难以成型等问题。加入少量氯化钡，也可提高泥料塑性。

镁质瓷的坯料配方组成范围为：烧滑石45%～50%，长石18%～22%，黏土30%～37%，其中强可塑黏土4%～6%，烧成温度为1220～1280℃。

山东硅酸盐研究所的镁质瓷配方为：滑石73%，长石12%，高岭土11%，黏土4%。

表3-2 部分镁质瓷坯料配方及化学组成实例

序号	厂名及料别	配方 %	化学组成（wt%）										烧成温度℃
			SiO_2	Al_2O_3	Fe_2O_3	TiO_2	CaO	MgO	K_2O	Na_2O	BaO	灼减量	
1	山东硅研所滑石瓷坯料	栖霞滑石75 莱阳长石10 新汶碱石11 莱阳黏土4	65.72	6.70	0.19	0.08	0.10	24.81	1.16	0.23			1320
2	辽宁硅盐所61#坯料（注）	滑石70 长石6 建设土4 常宝土16 膨润土2 碳酸钡2	67.68	5.9	0.02	0.05	0.29	22.27	1.68	0.56	1.19		
3	辽宁硅盐所64#坯料	滑石67 长石7 建设土6 常宝土16 膨润土2 碳酸钡2	68.93	5.86	0.22	0.06	0.64	21.08	0.27	1.32	1.49		
4	邯郸试制蛇纹石瓷坯料	蛇纹石59 石英18 长石7 紫木节6 生大同砂石10	63.13	6.65	0.19	0.10	1.06	23.75	0.70	0.40		3.72	1260

第五节　骨质瓷

骨质瓷原称骨灰瓷（bone china），18 世纪产生于英国的一个高档瓷种，现如今大多称为骨瓷。骨质瓷属于软质瓷，是在原料配方中加入脱脂漂洗、高温煅烧过的优等动物骨粉，坯体经 1200 ~ 1250℃高温素烧，再经 1100 ~ 1150℃低温釉烧二次烧成。因烧制后产品光泽柔和，瓷质细腻，釉面光滑润泽，有较高的透光性，器形美观高档，因而具有"薄如纸，明如镜，白如玉，声如磬"的美誉。

骨质瓷发展至今已有近三百年的历史，因其洁白的瓷质和高贵雍华的器形，具有使用和艺术欣赏的双重价值，并具有"瓷器之王"之称，受到不少贵族以及民间百姓的青睐，历来都是高档收藏品。经过上百年一代代工匠匠心独运的工艺积累，如今骨质瓷已然成为世界陶瓷珍品。

在日用陶瓷领域中，骨质瓷已广泛应用到餐具、咖啡杯、灯具、花瓶等的制作领域中。目前，世界上生产骨质瓷的著名厂家有英国的威基伍德（Wedgwood）、皇家道尔顿（RoyalDoulton），德国的麦森（Meissen）、罗森泰（Rosenthal），日本的鸣海，中国唐山隆达、红玫瑰、海格雷、恒瑞、景德镇红叶等几家公司。

骨质瓷属于磷酸盐质瓷，是以磷酸钙作熔剂的"磷酸盐—高岭土—石英—长石"系统瓷。烧后瓷质主要由钙长石、β –$Ca_3(PO_4)_2$、方石英、莫来石和玻璃相所构成。该瓷的白度高、透明度好、瓷质软、光泽柔和，但脆性较大、热稳定性较差（不能用于微波炉中），而且烧成温度范围狭窄，不易控制。

1. 骨质瓷成瓷的物理化学基础

骨质瓷是以 $Ca_3(PO_4)_2$–SiO_2–$CaO·Al_2O_3·2SiO_2$ 三元相图为理论依据的，SiO_2 是由石英引入的，

$Ca_3(PO_4)_2$ 是助熔剂，它是由骨灰引入的，但它本身的熔点并不低（1734℃），因此它的助熔作用并不是因为低温熔融（与长石不同），而是它与其他两个组元共熔，共熔之后液相温度降低，液相大量产生而起助熔作用，品质优良的骨质瓷物相组成如表 3–3。

表 3–3　品质优良的骨质瓷物相组成

物相组成	体积分数（V%）
磷酸三钙	42~46
钙长石	34~39
残留石英	< 3
玻璃相	16~20
气孔	3~5

Fe^{3+} 在硅酸盐玻璃中以 [FeO_4] 结构团存在，成为显黄色的强着色剂，而在磷酸盐玻璃中，它为 [FeO_6] 结构团，所以不显色，因此在氧化气氛下烧成的骨质瓷一般为纯白色。

骨灰：骨灰是脊椎动物的骨骼经一定温度煅烧后的产物，其中绝大部分有机物被烧掉而剩下无机盐类，主要成分是羟基磷灰石，可在骨灰瓷中作主要原料。

（1）生产中使用的是牛、羊猪等骨骼，先在 900 ~ 1000℃温度下用蒸汽蒸煮脱脂后，然后再在 900 ~ 1300℃下煅烧。煅烧后经球磨机细磨，然后水洗、除铁、陈化、烘干备用。

（2）骨灰是骨灰瓷的主要原料，用量可达整个坯料中的一半。

（3）这种骨灰成分不稳定，现有些厂家会采用磷灰石等天然磷酸盐矿物代替骨灰生产骨灰瓷。

2. 骨灰瓷的化学成分

骨灰瓷的化学成分主要是：氧化硅由石英和长

石引入，氧化铝由长石和高岭土引入，氧化钙和五氧化二磷由骨灰或磷灰石引入，有时氧化钙也由钙长石引入。如表3-4中国内外骨质瓷化学组成的几个例子。

3. 实际配方

骨灰瓷坯料的原料配比一般为：骨灰20%～60%，长石8%～22%，高岭土25%～45%，石英9%～20%。

由于骨灰原料和生产工艺不同，各国骨质瓷配方也有差异，如：

我国唐山：石英8%，长石10%，滑石2%，大同土7%，骨灰40%，碱干6%，宽城土22%，紫木节5%。

英国：骨灰50%，高岭土（球土）25%，瓷石25%。

法国：骨灰40%，高岭土（球土）40%，长石10%，石英10%。

骨质瓷坯料中，骨灰含量最好在50%左右，过多会使瓷质发黄，且坯料可塑性降低。一般配方中要有一定量的黏土物质，有时还要保持一定量的可塑性黏土，以提高坯料的可塑性。骨灰瓷中长石和石英的作用与它们在其他瓷坯料中的作用相同，其量要根据烧成温度和骨灰的用量而定，一般在20～25%。

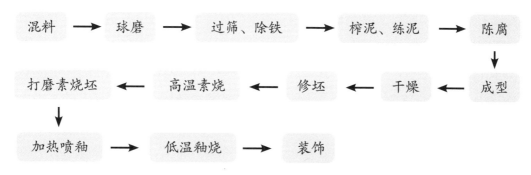

图3-3　骨质瓷制备流程图

4. 骨质瓷生产的三个难点

（1）坯料可塑性低。骨灰没有可塑性，另外为了制造优质洁白的骨灰瓷坯就需要用较纯的高岭土，可塑性差，若加入黏土容易成形，但会使制品的色泽及透光度变差。

（2）烧成范围窄，坯体烧成收缩大（约为15%）。

（3）制品在烧成后易泛绿色或出现棕色斑点，也容易起泡。

表3-4　国内外骨质瓷化学组成

名称	化学组成（wt%）										烧成温度℃
	SiO$_2$	Al$_2$O$_3$	Fe$_2$O$_3$	TiO$_2$	CaO	MgO	K$_2$O	Na$_2$O	P$_2$O$_5$	灼减量	
唐山骨质瓷	39.8	16.9			23.55	1.23	1.09	1.36	17.6		1220~1250
英国骨质瓷	32.2	13.27	0.21	0.05	28.98	0.64	1.43	1.04	21.84	0.18	1250~1280
日本骨质瓷	35.77	15.60	0.43	0.21	26.45	0.38	1.69	0.39	18.75	0.36	1230~1280
美国骨质瓷	37	15.7			24.0		2.9		20.4		1250~1280

第六节　强化瓷

本世纪 70 年代，日本首先研制成功强化瓷，之后美国、中国台湾也相继研制成功了强化瓷。到 80 年代末，中国大陆许多科研及生产单位也相继研制成功了不同组成的强化瓷。强化瓷问世以来就倍受消费者的青睐，它具有高机械强度、高釉面硬度和较好的热稳定性能，它能很好地适应机械洗涤，高温蒸汽消毒、刀叉磕划。

1. 镁质强化瓷

镁质强化瓷，属于 $MgO-K_2O-Al_2O_3-SiO_2$ 四元系统，烧成温度为 1310 ~ 1330℃，氧化和还原气氛均可。在配方组成上采用了 70% ~ 75% 的煅烧滑石或蛇纹石，10% ~ 15% 的长石，成瓷后晶相多，以原顽火辉石、董青石为主晶相，次晶相为方石英，晶相数量高达 65% 以上。而且董青石晶粒细小，分布均匀，其晶界比例大，沿晶界破坏时，裂纹的扩展要经过较长的迂回曲折的路径，消耗较多外力，其抗折强度较高。对细晶来讲，初始裂纹尺寸小，相应地提高了临界应力，使其强度提高，产品具有较高机械强度。目前，山东淄博陶瓷产区、潮州产区以及深圳某厂的强化瓷均以此为主要材质。

2. 高铝质强化瓷

人们发现，用氧化铝粉取代传统"石英－长石－黏土"三元配方中的石英可以大幅度地提高瓷器的机械强度。在坯料配方中引入不同晶型的氧化铝粉，所制瓷胎的显微结构是不同的，因而机械强度也是不同的。在相同的条件下引入同量的 $\gamma-Al_2O_3$ 和 $\alpha-Al_2O_3$，后者的机械强度要比前者高，因为 $\alpha-Al_2O_3$ 具有特别高的弹性模数（$410GN/m^2$），它的引入使传统瓷器的机械强度得以大幅度提高。国外有代表性的是日本的高强度瓷器（抗折强度约 230MPa），国内河北邯郸产区的强化瓷亦为此类代表。

3. 高硅质强化瓷

在传统石英（25%）－长石（25%）－黏土（50%）三元配方的基础上，增加石英含量（40% 左右）可以提高瓷器的机械强度，这是许勒尔和史推尔克指出的。因为石英晶体具有很大的热膨胀系数（$12\times10^{-6}K^{-1}$），所以它与瓷胎玻璃相的热膨胀系数（$4.2\times10^{-6}K^{-1}$）相差悬殊。正是这一差距才使切向压应力在以石英为主晶相的高硅质强化瓷胎中占主要地位。石英晶体的收缩率比包裹在其周围的玻璃相要大得多，收缩产生的压应力使瓷胎中最脆弱的玻璃相得到加强，这是高硅质强化瓷之所以强度高的主要原因。

高硅质强化瓷从熔剂材料方面又可以分为钾长石型和钠长石型，钾长石型以钾长石作熔剂，以高石英瓷为代表；钠长石型以钠长石或富含钠长石的矿物为熔剂，以鲁光瓷为代表。

近 30 年来，强化瓷虽然有了较大的发展，但受技术水平和装备的影响，同时具备强度高、韧性好、釉面硬度高、热稳定性好、制作成本较低的强化瓷较少，强化瓷的各方面性能还有很大的提升空间。

第七节 添加剂

一、添加剂的定义与种类

添加剂是指有机与无机二者的复合物、衍生物。为了提高陶瓷坯料的各种成型性能，使之利于生产，提高生产效率，常常需要在坯料中添加各种添加剂。

陶瓷的添加剂有很多，根据实用的需求，分别具有分散、增塑、粘合、悬浮、絮凝、平滑、防腐、润湿等作用。它们的加入量不大，但可以明显地改进陶瓷坯、釉浆的物理性能。陶瓷添加剂的出现有力地促进了陶瓷朝高质量、高效率的方向发展。

根据普通陶瓷的三大成型方法可知，坯料有三种赋存状态：泥浆、泥团、粉料。因此可根据这三类不同状态的坯料，选择不同的添加剂，加入量一般在 0.05% ~ 2%。

1. 解凝剂

解凝剂又称为分散剂、解胶剂、减水剂、稀释剂，主要作用是防止粒子的团聚，使原料各组分均匀分散于介质中。它能使泥浆在含水量很小的情况下同样也具有很好的流动性和悬浮性。

解凝剂有三类：无机电解质、有机酸盐类和聚合电解质。

无机电解质，一般为含钠的无机盐，如水玻璃（通常与碳酸钠、磷酸钠复配，分散效果更佳）$Na_2O \cdot nSiO_2 \cdot xH_2O$、碳酸钠、偏硅酸钠等。三聚磷酸钠 $Na_5P_3O_{10}$（STPP）目前用得很多，其优势是价格低、综合性能好。与黏土泥浆中的絮凝离子 Ca^{2+}、Mg^{2+} 等进行离子交换，生成不溶性或溶解度极小的盐类，使泥浆呈碱性，促进泥浆稀释。但水玻璃、碳酸钠用量都不能大，一般在 0.3% 左右，因为两者过量都会引起絮凝。

有机酸盐类加入泥浆中生成保护胶体，并能与泥浆中 Ca^{2+}、Mg^{2+} 生成难溶化合物而促进泥浆稀释。常用的是腐殖酸钠、柠檬酸和单宁酸盐。

腐殖酸钠与无机分散剂的相容性好，并且对黏土的分散效果好，但用量不能超过 0.3%，过高腐殖酸会彼此粘结，降低流动性，严重时会导致絮凝。

柠檬酸用在分散瘠性溶液中用处很大，其作为分散剂用于分散氧化铝悬浮液效果尤为突出。它在碱性条件下（PH 值为 9 ~ 10）是多元料体系，同时具有较大的 ZETA 电位。电位大，颗粒之间的势能差值大，颗粒分散的越均匀，越稳定。

聚合电解质在水溶液中能充分吸附于固体粒子表面，如羧甲基纤维素钠和阿拉伯树胶。

在一些发达国家，目前已基本不使用水玻璃、碳酸钠等传统的电解质，而是使用有机或无机复合物以及合成聚合电解质。因为陶瓷粉粒在水中悬浮，形成水、固分散系统，不溶于水，在分散体系中，未被保护的粒子如果得不到足以使其稳定的能量，会非常容易在水中沉淀下来。而加入这类电解质能在解凝的同时使泥浆的稳定性更好。

2. 粘合剂

粘合剂分为坯用粘合剂和釉用粘合剂两类。用于生坯可增加粘合性，达到增加坯体强度的目的；用于釉料可提高釉料的附着能力，提高釉层强度。因此粘合剂一般又可称为增强剂。坯体粘合剂通常将坯体增强剂加入料浆中混合均匀，加入量为 0.1% ~ 0.2%，然后喷雾干燥造粒，用这种粉料压制坯体成坯强度通常可提高 20% ~ 50%。

釉中使用粘合剂最好在使用前陈腐 1 ~ 2 天，使釉浆充分稳定，使粘合剂发挥最佳效果。尤其是在一次烧成的建筑饰面材料中，由于坯体表面致密，气孔小，吸附力差，要在含黏土少的釉料中引入增粘剂，以提高坯釉结合强度。作为粘合剂的添加剂，往往同时又具有增塑和分散等多重作用，因此在陶瓷生产中，添加剂的专一性是不明显的，它们往往具有多功能性。

根据陶瓷粘合剂的作用机理，又分为永久性粘合剂和暂时性粘合剂，差别有以下几点：

（1）永久性结合剂本身与基质反应，能够形成化学键合，如高岭土、膨润土等。最后在烧结中成为制品的一部分。永久性结合剂主要是无机化合物，这类化合物品种较多，如磷酸盐、磷酸钠、磷酸硼和硅酸盐。

（2）暂时性粘合剂主要是高分子化合物，它们本身形成化学键或通过分子间力结合，在常温和低温时可起到均匀分散和提高粘结力的作用，而且会形成化学交联或物理吸附网络，提高坯体的强度。但在高温下，这些高分子化合物会发生氧化和分解，故称之为暂时性粘合剂或临时性粘合剂。

目前多使用临时性粘合剂，高分子粘合剂不影响坯体成分，而且在 500℃ 开始挥发、分解和氧化，留下的灰分约 0.5% ~ 2%，对产品的最终性能不会带来负面影响。

暂时性粘合剂以前常用的是糊精、淀粉、阿拉伯树胶，现在常用羧甲基纤维素、聚乙烯醇、聚丙烯酰胺以及海藻酸盐等。

① 羧甲基纤维素（CMC）——多用于釉中，其黏度较低，用量为 0.2% ~ 0.4%，可得到理想的釉浆性能和致密平滑的釉面。从植物中提取的粘合剂如果放置时间长，浆料会受到细菌侵蚀，影响粘合性能，需加入防腐剂以避免。

② 聚乙烯醇（PVA）——一种重要的分散聚合稳定剂，在工业中应用已有几十年了。PVA 在陶瓷工业中主要用作粘合剂和增强剂，可单独使用，也可与其他表面活性剂配合使用。是固态，不溶于冷水，溶于温水，所以在加入的时候一般需要加热水煮。

③ 聚丙烯酰胺（PAM）——温度超过 120℃ 时易分解，具有絮凝、沉降、补强等作用，易溶于水。聚丙烯酰胺是一种新型功能高分子化学品，是目前最常用的水溶性高分子，被称为"工业味精"。它具有广泛的用途，可用作分散剂、粘合剂、絮凝剂、增强剂、增塑剂等等。有些粘合剂加入量少时，也可以作为解凝剂。

④ 海藻酸钠——可作为高分子分散剂，对不含黏土的泥、釉料的分散效果优于无机分散剂。但用量较大，用量小会引起絮凝，只有使粒子表面充分形成保护膜时才能产生所需要的分散性能，所以海藻酸钠更多地作为粘合剂。

⑤ 聚丙烯酸钠——可缓慢溶于水形成极粘稠的透明液体，黏度约为 CMC 和海藻酸钠的 15 ~ 20 倍。聚丙烯酸钠是性能良好的分散剂，但相对分子量不能过大，否则会产生絮凝作用。

3. 润滑剂

润滑剂是属于塑化剂（增塑剂）的一类。凡对坯料起增加可塑性作用的添加剂都可归类于塑化剂。其润滑性主要是通过表面活性剂的吸附降低粒子间的动、静摩擦系数。表面活性剂能在粒子表面形成疏水基向外的反向吸附，降低粒子间的相互作用，增大彼此间的润滑性。如甘油、聚乙二醇、煤油等。

4. 增塑剂

增塑剂又称为塑化剂，是增加生坯料或釉料可塑性的各类添加剂，如油酸、聚乙二醇等。润滑剂在粉体加工中所起的作用也是一种增塑作用。成型助剂的主要作用是提高粉料的流动性，减少坯体因内应力过大造成的开裂，一般亦可称为增塑剂。

二、表面活性剂

表面活性剂是一种能自动吸附到液体或固体表面上，显著降低其表面能，并能改变材料表面性质的一类物质。表面活性剂一般为一些高分子化合物，其分子结构由亲水性基团和亲油性基团组成。它能定向地排列到两相界面上，使新鲜界面的不饱和力场得到某种程度的平衡，从而即使在很低浓度时也能降低其表面能并改变表面（或界面）的性质。目前一般认为，只要在较低浓度下能显著改变表（界）面性质或与此相关、由此派生的性质的物质，都可以划归表面活性剂范畴。

表面活性剂分为阴离子表面活性剂、阳离子表面活性剂、非离子表面活性剂和两性离子表面活性剂四类，使用时应注意浆料离子的带电性。陶瓷工业中用得较多的是阴离子表面活性剂和非离子表面活性剂。这两类表面活性剂价格较低廉，种类较多，选择面广，使用量很小。陶瓷的主要原料是各种矿物粉、釉料等，目前表面活性剂在矿物粉料中主要作为减水剂、助磨剂、脱模剂等；在釉料中作为分散剂，能提高釉浆的悬浮性、流动性、稳定性和渗透性等。

1. 解凝剂

根据分散相粒子的沉降行为，可以评价陶瓷成型加工过程中的分散体系。分散体系的相对稳定性影响了粒子的沉降和堆积行为。通常，絮凝的（不稳定的）分散体系很快以大块的形式沉降，形成一种填充疏松的比重较大的沉积物，这种沉积物容易被重新分散。相比之下，不絮凝的（稳定的）分散相粒子以单颗粒形式缓慢沉降，最后形成紧密堆积的不易被再分散的沉积物。因此，粒子在液相中的

分散程度越大，在形成陶坯过程中的堆积就越紧密、均匀。在釉料中作分散剂的表面活性剂主要有木质素磺酸钠、烷基苯磺酸、渗透剂 NNO 等，这些分散剂的添加量一般为色釉浆干料的 0.5%，其作用主要是提高磨料效率，使颜料分散均匀，改善色釉浆的悬浮性和流动性，对渗花釉的渗透深度可以调节，改变花色图案的效果，可产生美丽的流动性图纹，在制作仿古器皿时可产生较为逼真的效果。一些水溶性聚合物分散剂也可以有效地在水中分散氧化物粉末，这些分散剂在后续工序中又可用作粘合剂。

2. 助磨剂

陶瓷生产过程中对原料进行粉碎－粗碎后，要进行湿球磨处理。若在球磨中加入适量的表面活性物质，可以起到强化粉碎，提高球磨效率的作用。这是因为在固体物料中存在大量微裂纹，固体的粉碎实际上是使微裂纹形成、扩展，直到断裂的过程。由于新表面上的剩余价键力及分子力的作用，微裂纹会自动愈合，从而影响粉碎效果。只有经过多次作用，才能使微裂纹扩展而断开，这就是疲劳破裂现象。但当有表面活性物质存在时，它能自动地吸附到微裂缝中的表面上，降低表面能，使裂缝难以重新愈合。另外，由于表面活性物质定向排列在颗粒的表面，在颗粒表面上形成一层均匀的薄膜，这层薄膜能起到润湿作用，使颗粒均匀分布于研磨体中，阻止微小粒子在分子内聚力的作用下形成聚集体，从而增加粉碎效果。选择助磨剂时，要考虑到被粉碎物料的性质，当细碎酸性物料时，可选用碱性表面活性物质，如羟甲基纤维素等；当细碎碱性物料时，应选用酸性表面活性物质，如环烷基、脂肪酸及石蜡等。

表面活性剂中有很多物质具有多重功效，比如木质素磺酸钠、蜜胺树脂，它们既可以作为分散剂

又可以在助磨方面起到不错的作用。

3. 成型剂

在陶瓷生产中，瓷料有些是亲水的（极性的），有些是亲油的（非极性的）。亲水的颗粒与亲油的成型剂混合，难以成型。在这种情况下，必须设法将颗粒表面改性，即由亲水的改为亲油的，以提高成型性能。例如，一般瓷料（指硅酸盐矿物或氧化物）的表面为亲水的，当用非极性的石蜡作成型剂时，它们难以作用，但当加入油碱（其分子一端为极性基，另一端为非极性基），极性基的一端与亲水的瓷料作用，另一端则伸入到石蜡中，使瓷料表面改变性质，由亲水的改为亲油的，使该瓷料具有更好的成型性能。但对于钛酸钙（$CaTiO_3$）粉料，因其表面是亲油的，若以水作为成型剂时，必须加表面活性物质使其改性，由亲油的改为亲水的。例如，加烷基苯酸钠，非极性一端吸附到 $CaTiO_3$ 表面上，而极性一端伸入水中，使 $CaTiO_3$ 具有良好的成型性能。

4. 增塑剂

在陶瓷生产中（尤其特种陶瓷的生产），要使用瘠性料（如氧化物、氮化物等）作为原料，这些原料制备泥浆时，无悬浮性。如何使瘠性料浆具有悬浮性是一个很重要的问题。一般常用两种方法使瘠性料浆悬浮，一种方法是控制料浆的 pH 值，使泥浆具有一定的电动电位，颗粒带电，互相排斥，达到悬浮的目的（测量泥浆的 ZETA 电位）；另一种方法是通过表面活性物质的吸附，表面改性，使料浆悬浮。

瘠性料无可塑性，瘠性料的增塑一般需加入两种物质。一是加天然黏土类矿物；二是加入有机高分子化合物作为塑化剂。黏土是廉价的天然塑化剂，但含杂质较多，在制品要求不太高时广泛采用它作

为塑化剂。但对一些特种陶瓷，加黏土作塑化剂会降低其特有性能，故需加一些高分子化合物作塑化剂以增加其可塑性。特种陶瓷所用原料多数为瘠性料，加入有机高分子塑化剂后因塑化剂一端为极性基，另一端为非极性基团，非极性一端吸附到瘠性料颗粒上，极性基一端伸向水中，形成水化膜，这样瘠性料颗粒表面上不但有了一层水化膜，而且又有了一层粘性很大的高分子。由于高分子是蜷曲状线形分子，所以能把松散的瘠性料粘结在一起。又由于水膜的存在，使泥团在外力作用下，颗粒能发生相对位移。外力消除后，蜷曲的线性分子又重新将它固定下来，因而使瘠性料泥团具有了可塑性。

常用的有机塑化剂有聚乙稀醇（PVA）、羟甲基纤维素（CMC）、聚醋酸乙烯酯（PVAc）、石蜡等。塑化剂的选择要根据成型方法、坯体性质和制品性能的要求，以及塑化剂的性质、价格和其对制品性能的影响情况来进行。此外，在选择塑化剂时，还要考虑塑化剂在烧成时是否能被完全排除掉及挥发时温度范围的宽窄。关于塑化剂的用量，在保证有良好可塑性的前提下，加入量越少越好，但塑化剂过少，坯体达不到致密化，也容易分层，影响产品性能。

表面活性剂引入到悬浮体中后，在球磨过程中会出现明显的气泡。如果气泡不能及时从陶瓷悬浮体中排出，就会在成型坯片内部形成针孔、破裂的气泡等，严重破坏了坯面的表面成型质量。

表面活性剂种类繁多，不同的碳链长度，不同的亲水基团，同一碳链上连接的亲水基团的个数都会对表面活性剂的性能造成很大影响。而且，两种或两种以上表面活性剂的结合使用并不简单等于它们效能的相加，往往具有相乘的效果，因此需要对不同的体系进行选择。同时应注意使用时体系的 pH

值，若体系的 pH 值过高，有些表面活性剂会分解，如含酰胺基团的表面活性剂在 pH 值高于 12 时会逐渐分解；若体系的 pH 值较低，应考虑体系的防腐问题，并且应使用起泡力较小的表面活性剂，或适当添加消泡剂，以避免料浆中的气泡。消泡剂一般选用有机硅消泡剂，它消泡效率高，使用量一般仅为 0.1% ~ 0.5%，易于干燥，引入杂质少，不致影响产品质量。

三、杀菌剂

杀菌功能陶瓷主要分银系杀菌陶瓷和氧化钛光触媒系杀菌陶瓷两类。银系杀菌陶瓷是将杀菌效果好、无毒副作用的银、铜等元素引入到陶瓷釉料中，经过施釉和烧结后使之在陶瓷表面的釉层中均匀分散并长期存在。银、铜以其无机盐形式（如磷酸盐、硝酸盐或盐酸盐等）引入。在高温烧成时应注意杀菌剂的加入量、烧成温度、环境等方面的影响。经有关实验表明，用银系杀菌剂制成的陶瓷制品，具有很好的杀菌作用和很高的安全性，同时具有耐久性。其杀菌机理是釉中银离子 Ag^+（此外还有 Cu^{2+}、Zn^{2+} 等）非常缓慢地溶出，通过扩散到达细胞膜并被细胞膜吸附，细胞膜因此被破坏，致使细胞不能新陈代谢。Ag^+、Cu^{2+}、Zn^{2+} 对于微生物（细菌、霉菌、病毒，广义上还包括藻类和原生动物）是具有毒性的，破坏了细胞的活动能力（杀菌作用和抑菌作用）。例如，Ag^+ 会置换 SH 酶硫醇中的 H：

$$R-SH+Ag^+ \rightarrow R-SAg+H^+（AgS 析出）$$

可见 Ag^+ 切断了 S-S 结合，生成 AgS，致使微生物的新陈代谢受损害，从而产生了杀菌作用。

氧化钛光触媒系杀菌陶瓷是通过吸收光，使 TiO_2 发生光化学效应。TiO_2 禁带宽度约为 3.0eV，在高于该能量值的光线（hv）的照射下，TiO_2 价带电子向导带跃迁，从而在价带上形成空穴，在导带上形成电子，$hv \rightarrow h^+ + e^-$。这种电子和空穴具有很强的还原和氧化能力，能与水或水中的氧反应生成 OH^- 或 O^{2-}，$H_2O + h^+$，$O_2 + e \rightarrow ^-O^{2-}$，其作用与广泛使用的漂白粉和双氧水一样，由于具有强氧化能力，因而有很好的消毒杀菌功能。氧化钛光触媒的消毒杀菌作用只能在有紫外光线照射的条件下才能产生，其效果也与光照强度和光源种类有关。具有光催化作用的还有 ZrO_2、V_2O_3、ZnO、CaS 等。

最近的研究发现，某些金属离子在纳米半导体氧化物中的有序、定向掺杂可以有效地提高它们的催化活性。银离子掺杂半导体氧化物成为最有发展前途的高性能无机抗菌材料。在制备抗菌粉体时采用银离子作为掺杂元素，通过湿化学方法，掺入到二氧化钛晶格中得到了同时具有光催化活性和金属离子抗菌性的复合抗菌材料，有效地提高了抗菌能力，并把使用范围扩展到陶瓷、搪瓷、塑料等领域。

四、添加剂的使用基本原则

1. 要了解各种添加剂的特性和共性，它们之间的相容性以及相互作用的情况，使各添加剂充分发挥各自的作用，达到协同效应。

2. 了解添加剂与各原料的相互作用。一般亲水系统采用水溶性高分子；憎水系统则采用油溶性有机添加剂和高分子添加剂。

3. 一定要清楚使用添加剂要解决哪些问题，根据配方和使用要求选择添加剂。尽量少加或不加添加剂，因为不论无机还是有机高分子添加剂，在提高制品质量的同时，亦会产生一些副作用。如无机添加剂残留在制品中，有可能会降低强度；有些无机添加剂在烧结过程中会与制品形成低共熔物，会破坏晶体结构，改变特种陶瓷应具有的特殊性能；

有机化合物和高分子添加剂在烧结过程中会逸出，会产生一些气泡，并且会有大量的碳素遗留，使产品的纯度降低；特别是某些特种陶瓷制品对纯度要求很高，不允许有杂质，使用添加剂就要十分慎重。

4. 要保证添加剂的质量稳定。加入坯、釉浆后存放的时间不能过长，否则会使其发生生物降解，导致使用性能急剧降低，因为有机化合物和高分子添加剂常会因为霉菌作用而降解。

第四章　坯料制备及检测

第一节　坯料配制原则

坯料配方的设计是一项非常复杂的工作。目前，陶瓷产品的种类多，变化快，陶瓷产品的性能要求千变万化，并且陶瓷生产上所用的原料种类繁多，在化学组成、矿物组成以及工艺性能上有着很大的区别，还不能做到原料的标准化。各地企业的技术、设备、管理水平的不同，陶瓷产品的性能指标受多种因素的影响，所以，在进行坯料配方的设计时，必须遵循几条原则：主要包括产品的物理、化学性质以及使用性能要求，拟定配方时采用积累的经验和数据，了解原料对产品性质的影响，配方应满足生产工艺的要求，原料的来源稳定、丰富、价格低廉等。不能仅靠理论上的计算，否则，将难以得到满意的结果。

陶瓷生产坯料配方的确定步骤：

1. 了解产品的性能要求，抓住产品的特性，以便确定坯料的组成，并决定引入什么原料。

有一条经验法则：黏土在坯料中的比例一般不得低于50%。通常助熔剂和添加剂在坯料中的比例各为10%~20%，以不超过20%为宜。黏土的作用是提高可塑性，长石、石英类瘠性原料会降低可塑性，减少收缩。对于一个给定的配量，尽量采用两种以上的黏土以求得不同的比例组合；黏土种类越多越好，因为各种黏土颗粒不均。就如同在一个容器中填满直径相同的球体，每两个球体间的空隙内都充满空气，这就是单一黏土配制的坯料；如果在容器中填满不同直径的球体，所有助熔的空隙都被堵住，这就是混合黏土配制的坯料。各种黏土混合比单一的坯料产生了更好的可塑性和强度。

2. 分析和测定的原料的一些性能。如原料的化学组成、可塑性、结合性等，以便调整坯料的性能，决定原料的选用。

3. 根据陶瓷生产设备、条件，分析工艺因素，确定生产方式。

4. 分析、研究现有数据，找出规律，总结收获，为提高产品的质量作数据支持。

第二节　常见坯料分类

一、高温瓷器坯料

高温瓷器密度大，轻薄，胎体透明，烧成温度为 1280~1350℃。温度越高，釉的结晶密度越大，瓷面强度越高，不易产生划痕，餐具不挂油，清洗时不需要洗洁精，茶具不挂茶垢，色泽"白如玉"。而低温瓷则瓷质不够细腻，色泽不够白净。高温瓷还可以再次高温烧制加工，但低温瓷经不起高温烧制。听声音可以简单区分，高温的瓷化程度好，声音清脆。从根本上看是吸水率的大小差异，高温烧结的陶瓷吸水率小。高温陶瓷通常以下列比例为基础：

黏土 50 %，长石 25 %，石英 25 %。

占总量 50 % 的黏土可以由数种黏土混合而成，也可以将球土与瓷石混合。长石分为钾长石和钠长石。此外，其他助熔剂如骨灰也可以替代长石。如前所说，仅使用钠长石会弱化坯体的可塑性。占总量另一半的长石与石英，可以更改其比例，例如为达到更高的密度或透明度可以加大长石用量。将配方中各种原料的比例稍作调整后所得到的瓷器坯料，其烧成温度在 1177℃ 时质地相对致密，外观和手感俱佳，但烧成温度偏低时坯体缺乏透明度。

二、低温瓷器坯料

低温瓷器坯体在烧成温度为 1050℃ 时瓷化，要求所采用的助熔剂熔点必须低于任何一种长石，比如玻璃粉或釉料、熔块。球土因开采时压成球状而得名，是由高岭石构成并混有一定数量的石英、云母及有机质等杂质的一种可塑黏土。有时也含少量黄铁矿、白铁矿、菱铁矿等杂质，故在陶瓷坯体中用量不宜过多。因其可塑性较好，常用于改善坯料的成型性能。烧成温度为 1050℃ 的瓷器坯料配方比例如下：

瓷石 25 %，球土 25 %，坯料熔块或玻璃粉 40 %，石英 10 %。

可以通过实验来改变不同产地的瓷石、黏土及熔块的上述配方。除了烧成温度不同外，低温瓷器在成型和烧成阶段常出现变形、坍塌等各种问题，因此需要特别注意。但对于陶瓷艺术创作，低温瓷由于在烧制过程中易变形，烧结后可以带来一些意想不到的艺术形态。

三、高温炻器坯料

炻器这一名词来源于日本人学习欧洲先进技术翻译"stone ware"时，创造的新字"炻"，并译作"炻器"。为了表明它不是直接用石头制作的，而是用瓷石等原料加工后经过烧制而成的石胎陶瓷，所以加上"火"字旁。它是介于陶器和瓷器之间的陶瓷制品，多呈棕色、黄褐色或灰褐色，质地致密坚硬，跟瓷器相似，但透明度较差。从炻器的烧成温度、吸水率、烧结状态、耐刻划硬度、高强度和良好的热稳定性等物化状态来看，其更接近于瓷器，只是不透明和吸水率略高而已。

常见炻器坯料的基础配方如下：

耐火黏土 60 %，球土 20 %，长石 10 %，石英 10 %。

配制白色炻器需要用 20 % 的瓷石混合耐火黏土，而且只能选用低温耐火黏土。了解所用黏土的吸水率后，做三种温度烧成测试，然后根据不同的烧成温度选择最适宜的助熔剂。

四、低温炻器坯料

因为低温瓷器和炻器的烧成温度为1050℃左右，所以需要用玻璃粉或熔块代替长石。助熔剂的用量不得超过40%。低温炻器坯料配方如下：

耐火黏土50%，球土20%，玻璃粉25%，石英5%。

五、陶器坯料

上述任何一种炻器或瓷器坯料经过1050℃烧成都会转化为陶器坯料。换句话说，任何一种高温坯料在烧成温度较低时都会转化为陶器坯料。可以通过去除常规炻器或瓷器坯料中助熔剂的方法使其承受高温。配方中只会用到黏土和添加剂，或者混合某些其他物质。如下所示：

普通地表黏土30%，耐火黏土30%，长石30%，石英10%。

可以通过用瓷石和低温耐火黏土代替普通地表黏土和耐火黏土的方法制作色泽更加亮丽的陶器。不同地区的陶坯配方及化学组成不同，见表4-1。

表4-1 日用普陶坯料配方及化学组成

序号	厂名及料别	配方%	化学组成（wt%）									酸性系数	烧成温度℃
			SiO₂	Al₂O₃	Fe₂O₃	TiO₂	CaO	MgO	K₂O	Na₂O	灼减量		
1	河北唐山陶缸坯	紫木节20 四节20 三节15 大槽15 熟料15 D石15	47.44	33.20	3.86	1.53	0.43	1.55	1.24	0.49	10.31	0.73	
2	河北邯郸陶缸坯	缸土65 三节土10 碱石15 熟料10	54.56	29.66	3.38	1.42	0.33	0.93	1.55	0.35	7.84	0.94	1230
3	山东淄川陶缸坯	黄华土50 黄土30 大青土20	53.72	25.77	4.08	0.55	0.55	0.45	0.22	0.22	12.62		1200
4	江苏宜兴砂锅坯	白泥100	65.9	23.05	0.99		0.158	0.45	0.55	8.9	1.52		1160~1200
5	广东石湾三煲坯	东莞二顺泥19 三水大塘泥30 南海西樵黑泥15 南海万石陶砂36	72.86	17.23	1.72		0.34	0.45	1.46	5.9	2.1		1160~1220
6	湖南铜官泡菜坛坯	李家湾料土70 李家湾黏土30	71.14	17.85	1.54	0.73		0.87	2.29	0.14	5.71	1.98	

在特定烧成温度下可以通过不同配方制备坯料，以求得到不同效果。根据可塑性、烧成颜色和密度检验表预测配方是否正确，如果不正确，重新组合或替换原料，重新配制并测试。硅的用量始终为10%，但如果想得到更高的密度就要加大熔剂类原料，如长石的比例，或为求降低熔点替换配方中的某些黏土，运用黏度更高的黏土，可以增强坯料的可塑性，黏度太高时可以混合添加剂。

六、典型陶质坯料

1. 紫砂陶

紫砂泥又称紫砂矿，雅称"富贵土"，俗称"天青泥""红棕泥""底槽清泥""大红泥"，是制作紫砂壶（器）的主要原料。其深藏于黄龙山岩层下数百米，在"甲泥"矿层之间。在宜兴，只能在丁蜀地区范围内的陶土矿中找到紫砂泥。紫砂泥烧制的成品有：紫砂壶、紫砂煲、紫砂花瓶、紫砂茶

陶瓷坯料制备工艺基础

图 4-1 "一代宗师"顾景舟所创作的紫砂壶

具，以及其他紫砂工艺品。得益于饮茶风气，紫砂壶最为常见，其特点是不夺茶香气，壶壁吸附茶气，长久使用后空壶里注入沸水也有茶香。

（1）形成原因

紫砂陶土的成因为内陆湖泊及滨海湖沼相沉积矿床，通过外力沉积成矿，深埋于山腹之中。紫泥和绿泥都产于甲泥矿中。甲泥矿中甲泥储量最多，紫泥、绿泥储量较少，紫泥仅占总储量的 3～4%。紫泥是甲泥中的一个夹层，绿泥是紫泥头层中的头层，故有"泥中泥，岩中岩"之称。所以，紫砂的泥料，也只有在大量生产日用陶的条件下才能取得。因为这种深藏于岩层下数百米深处的甲泥之中的紫泥，必须从甲泥中分选出来，没有日用陶大量使用甲泥，紫泥也就无从取得。

（2）制作方法

紫砂泥料的制备，在五十年代以前还是沿用明清的老方法：把晒干捣碎的泥团围成一圈，用河水冲洗，人站在里面不停地走动、踩踏，直到泥料软硬适中。今人实难想象前人在练制泥料时是如此的辛苦、落后。到了六十年代后期开始采用机械化制备，出现了雷蒙粉碎机、搅拌机、真空练泥机等。

为了丰富紫砂陶的外观色泽，满足工艺变化和创作设计的需要，艺人们通过把几种泥料混合配比，或在泥料中加入金属氧化物着色剂，使之产生非同寻常的应用效果。大凡名家对泥料的配制皆各有心法，不相私授，进而形成了紫砂泥有些特定泥料成为某些名家的代名词的局面，也突显了名家的艺术风格。作品烧成后可呈现天青、栗色、石榴皮、梨皮、朱砂紫、海棠红、青灰、墨绿、黛黑、冷金黄、金葵黄等多种颜色，吸引了众多紫砂藏家的目光。紫砂泥若再掺入粗砂、钢砂，产品烧成后珠粒隐现，亦会产生特殊的质感。

（3）分类

天青泥：其质细腻呈青蓝色，产于清代中期，现已失传。

底槽青泥：位于矿层底部，块状中有青绿色的"鸡眼""猫眼"，色呈偏紫泛青，细而纯正，十分稀少。

红棕泥：位于矿层中部，呈紫红色、紫色，隐现绿色斑点，质软致密，间有微小的云母闪烁。

大红泥：位于矿层中，少量出现。云片状结构，呈紫红色泽，鲜艳明丽。矿层分布不同，烧成温度范围较宽，其最佳烧结温度在 1180℃左右。

本山绿泥类：俗称"本山绿泥"，古名"梨皮泥"。矿土呈淡绿色层片状，烧成陶后现梨皮冻色（米黄色）。产于黄龙山岩层与紫泥共生矿层中，仅数厘米厚，位于紫泥上层与岩板间，俗称"龙筋"。其矿物组成为水云母、高岭石、石英及少量铁的氧化物。本山绿泥采掘量极少，不易制作大件产品，仅作小件产品和作"化妆土"，加入适量着色剂可变化成各色装饰泥。

百麻子泥：色与本山绿泥相似，质地粗。位于紫泥上层，且杂质较多，须精练后方可使用，成陶后现淡墨色。

红麻子泥：色似紫泥，质地粗。位于紫泥上层，间夹星点麻子绿泥，成陶后呈桃红色。

红泥类：俗称"朱泥""朱砂泥""石黄泥"。因其成陶后，色似"朱砂红"，故名。产于宜兴任墅赵庄山，嫩泥矿层底部，质坚如石，含铁量高，产量甚稀。矿土外观呈砖红夹层，以黏土为主的粉砂岩土，可单独成陶。红泥收缩率大，烧成温度在1080℃左右，常制小件器物。七十年代中期，此种红泥甚缺，即改用川埠红泥加嫩泥替代，矿土呈土黄色，石质坚硬，成陶与其相似。八十年代以洑东红泥制壶，其玻璃相重，烧成温度在1050℃左右，成陶后色朱红，声脆亮。

（4）宜兴紫砂泥

宜兴紫砂泥是绿泥（本山绿泥）、红泥（朱砂泥）和紫泥的总称。宜兴紫砂泥的矿物组成属于含富铁的黏土－石英－云母类型，其配方及化学组成如表4-2，其具备了宜兴紫砂陶严格的工艺要求。

表4-2 宜兴紫砂陶配方和化学组成

类别		化学组成（wt%）									烧成温度（℃）
		SiO_2	Al_2O_3	Fe_2O_3	TiO_2	CaO	MgO	K_2O	Na_2O	灼减量	
紫砂1	红泥	63.92	21.85	5.73	1.51	0.25	0.40	1.23		4.67	
紫砂2	紫泥	56.0	25.8	8.08	0.03	0.70	0.54	0.72	0.25	7.80	1100~1200
紫砂3	绿泥	52.85	31.71	3.07		0.98	0.59			11.18	

宜兴的紫砂泥是独一无二的，与紫砂泥类似的陶土虽然在其他地区也存在（如安徽、山东、广东等地的紫陶），但都无法与紫砂相比，这是因为宜兴紫砂泥的结构是绝无仅有的。紫砂泥的成分主要是石英、云母、赤铁矿和黏土。这些矿物微粒互相连接，组成了一个个的团聚体，这种团聚体不仅本身存在着气孔，团聚体与团聚体之间也因为在烧制过程中产生的体积收缩而形成了很多气孔。如果气孔太大，那茶壶就成了筛子；太小或者没有气孔，又无法调节茶气而让茶汤存有熟茶汤气。而紫砂泥在正确烧制后形成的这种双重气孔结构则能两者兼顾，既能透气怡香，又能保水保温，这样茶叶的温、色、香、味就都被很好地保持住了。正是如此，紫砂壶才有了"世间茶具称为首"的美誉，几百年来备受推崇。

2. 石湾陶

石湾陶器主要原材料包括陶泥、长石、石英、高岭土等。石湾主要产陶泥和石英，陶泥主要是黑泥、白泥，石英则以岗砂为主。如图4-2中的"石湾公仔"，其原材料主要为黑泥、白泥、红泥和岗砂。

图4-2 典型石湾陶艺作品

石湾陶瓷所用的泥土，大致分为陶泥与瓷土两大类，陶泥产自本地，瓷土从外地采购。石湾陶泥采自本镇东南北三面的山岗和东平河西岸磨苟岗等约40多个低矮山岗，这些山岗下面蕴藏着大量的陶泥。此外，澜石也有陶泥，也供应石湾陶业所需。当本地陶泥不足以满足需求时，就从东莞、番禺、南海等地运进。

石湾陶土含铁量高于宜兴陶土，含铝量约为20%～23%，耐火度不及瓷土，须在1000～1050℃烧成，温度过高陶器则会变形。若掺入适量的细砂或瓷土，其烧成温度则可以适当增加。

石湾岗砂也叫山沙。上海人民美术出版社1992年5月出版的《中国陶瓷·石湾窑》说："石湾山沙，产自大帽岗、小帽岗、显庙岗、宝塔岗、千秋岗等地，其色金黄，烧成则白，为其特点。山沙为构成石湾陶坯之必需原料。"

黑泥在英国称球土，名字源于这种泥含有腐植酸，可以团成球晒干后运输。黑泥的形成有三个条件：水、土、木，土指高岭土，水指大江大河，木指有机物或腐植酸。雨水将高岭土和树木冲刷到江河的中下游沉淀，陈腐风化166万年，就形成了黑泥。

广东的黑泥因为其高粘性、高白度、易解胶等优良特性被国内外陶瓷企业普遍认可。广东最早开采黑泥的佛山、中山和番禺三地，到上世纪90年代，因为农田、工业及城市用地的需要，已被限制开采。目前，广东优质黑泥主要产自惠州、茂名和江门。

3. 荣昌陶

荣昌陶是中国四大名陶之一，在宋代鼎盛时期

图4-3 荣昌陶

就有很高知名度和很大的影响力，至今已有800多年的历史。业界以"薄如纸、红如枣、亮如镜、声如磬"来高度概括对荣昌陶，它是荣昌重要的文化资源。

荣昌陶发展的一个最优质条件就是当地富含陶泥矿。荣昌陶的原料取自当地鸦屿山脉的紫金土。紫金土蕴藏量极大，有几十平方千米的矿脉。这种紫金土是荣昌陶的魂，其烧制之后色泽红润、独具魅力，其化学成分为白泥含$SiO_2$74.6%、$Al_2O_3$12.5%，红泥含$SiO_2$62.42%、$Al_2O_3$15.55%、$Fe_2O_3$7.14%，红泥和白泥硅含量均在60%以上，Al_2O_3含量均在12%以上，这说明紫金土的耐火度高，烧结温度高，其制品不易变形。红泥Fe_2O_3的含量高于7%，这么高的铁含量是很多陶土都不具备的，其制品的红润色泽就是缘于这种含量适中的天然铁质。单一的红泥可以做陶，红泥与白泥按不同比例混合可以制作出不同色泽的陶器，甚至按红泥白泥比例制成绞泥，制作特殊作品，具有非常高的艺术价值。

第三节　坯料制备工艺

一、常见坯体制备工艺

日用陶瓷坯料通常是指将陶瓷原料经过配料和加工后，形成具有成形性能、符合质量要求的供成形用的多组分混合物。根据成型方法的不同，坯料通常分为三种：

可塑坯料（含水率 18% ~ 25%）、注浆坯料（含水率 28% ~ 35%）、压制坯科（含水率 8% ~ 15% 半干压；3% ~ 7% 干压）。

坯料有不同的制备工艺，应当根据所用原料的特性、设备使用条件、生产规模、产品的质量要求以及制备工艺本身的技术经济指标等因素来选择。坯料的加工方法或工艺控制不当，不仅会降低生产效率，增加生产成本，而且还会影响坯料的工艺性能和产品的使用性能。

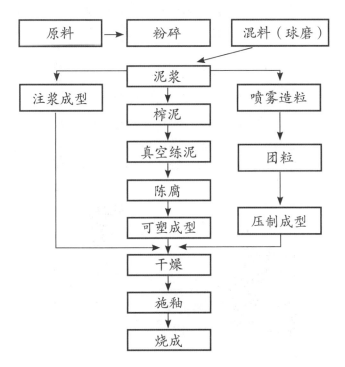

图 4-4　陶瓷生产工艺流程图

二、坯料的质量要求

1. 注浆坯料

（1）浆料具有良好的流动性，如图 4-5，以保证泥浆在管道中顺利地输送及注入模型时顺利流到模型的各个部位。

图 4-5　陶瓷注浆成型

（2）浆料的含水率应尽可能低，以缩短模型的吸浆时间，减小模型的吸水负担，更快、更好地达到坯件形状和厚度的要求。一般要求泥料的含水率为 30% ~ 33%。

（3）要有良好的悬浮性和稳定性，以保证泥浆在储存、输送及注入模型过程中不变质、不分层、不沉淀。

（4）要有良好的渗透性，从而加快泥浆中水分向模型中的扩散，提高成坯的速度。

（5）坯件必须有一定的干坯强度，以保证在后道工序的操作中不会破坏坯件。其干坯的抗折强度应不低于 1MPa。

（6）收缩率要小，注浆坯料的干燥收缩率一般为 2% ~ 4%，烧成收缩率为 10% 左右，总收缩率在

12% ～ 15%。

（7）注浆坯料的细度依产品种类不同以及坯件的大小、厚薄不同而要求有所不同。一般来说，坯料的细度大，则泥浆的悬浮性稳定性就好，但吸浆时间会长。因此，对于一般中小件日用瓷坯料来说，坯料细度宜控制在万孔筛筛余量为 0.1% ～ 0.5%。而大件产品的坯料细度则控制在万孔筛筛余量为 1% ～ 2%。

（8）泥浆的相对密度。在工业生产中习惯用相对密度来控制泥浆的含水率，一般控制在 1.7 左右。相对密度可以通过加水或减少水量来调控，应根据产品的生产情况以及石膏模的新旧程度、模型温度、模型水分等来控制。

泥浆的工艺性能尽管与含水率有关，但也常通过加入电解质的方法来达到所需要的稀释程度。最常用的电解质为碳酸钠、水玻璃和仙水，单用一种或两种混合使用均可。加入碳酸钠可以获得水分疏散快的泥浆，因而使成型速度得以加快，但坯体的强度较低。用水玻璃则可以得到致密度高、强度大的坯体。

2. 可塑坯料

（1）具有良好的可塑性，可塑性指标大于 2。可塑性是塑性坯料的主要工艺性能，是成型的基础。为了保证泥料在各种成型操作条件下能够顺利延展成为要求的形状，要求泥料具有好的可塑性。一般使用真空练泥机练制泥料，使水分均匀，具有良好的可塑性，如图 4-6。

（2）在具有良好可塑性的条件下，坯料含水率应尽可能低。可塑坯料的含水率取决于物料的性质和采用的成型方法，一般为 19% ～ 26%。如手工成型（拉坯、印坯）的塑性坯料，其水分在 24% 以上，旋压成形水分为 21% ～ 25%，滚压成型水分为

20% ～ 22%。坯料含水率的高低应与坯料的可塑性要求相适应，只有这样才能制备出良好的塑性坯料。

（3）收缩率不能太大。坯料的收缩率包括干燥收缩率、烧成收缩率及总收缩率。坯料的收缩率的大小对于坯体造型与尺寸的稳定性起着重要的作用，同时，还可以衡量坯料的成型性能和烧成性能。特别是在调整坯料的配方及坯料的性能时有着重要的意义。另外，涉及模型及匣钵等配套用品的尺寸变动以及产品规格尺寸的稳定性，更应全面考虑。坯料的干燥收缩率一般为 4% ～ 7%，烧成收缩率为 9% ～ 13%，总收缩率为 13% ～ 16%。

（4）干坯强度。坯体的干坯强度是指坯体干燥后的机械强度的大小，是衡量坯体干后性能好坏的重要指标，是坯料结合性能的具体体现，常用抗折强度来表示。坯体的干坯强度越高，则在生坯上修坯、施釉、作画等的操作越顺利，坯件破损程度就

图 4-6　真空练制后的可塑泥料

越小，半成品率就越高。影响干坯强度的主要因素是所用黏土的种类及结合性能的强弱。一般情况下，坯料中引入结合性能良好的黏土并对坯料进行细粉碎就能获得较高的干坯强度，有利于半成品质量的稳定和提高。通常，为保证各生产工序的顺利进行，干坯强度即坯体的抗折强度在 1MPa 以上。

（5）坯料的细度应合适。坯料细度大小直接影响到坯料的许多工艺性能和产品性能。如坯料中的细颗粒增加则会相应提高坯料的可塑性、干坯强度，还能提高坯体在烧成过程中的固相反应速度，节约能量，提高产品的性能。然而，坯料中的细颗粒含量过高和细颗粒太细时，不仅会加大物料加工难度，还会提高成本，增强坯料在成型时的工作水分，给成形带来困难，而且会延长干燥时间，加大坯料的干燥收缩，导致坯体的变形或开裂。生产中一般用万孔筛筛余量来表示和控制检测坯料细度的大小。坯料的细度是根据所采用的成型方法和产品的性能要求来确定的。一般坯料的细度控制在万孔筛筛余量为 1.5% 以下。

3.压制粉料

压制坯料的含水率低，对原料的可塑性要求不高，但要求粉料具有良好的流动性。因此就必须采用合理的工艺手段进行造粒。目前，造粒的方法有普通造粒法、加压造粒法和喷雾造粒法。

普通造粒法是将粉料中加入适量的粘结剂水溶液，混合均匀后过筛。由于粘结剂的粘聚作用及筛子的振动或旋转作用，可得到粒度大小比较均匀的团粒。

加压造粒法是将混有粘结剂的粉料预先压成块状，再粉碎过筛。对压滤后的滤饼进行干燥，用双滚筒辊碎机压碎，经过轮碾机、筒形旋转筛、振动筛等进行造粒。由于经过压滤所得到的粉料颗粒形状是棱角状的，所以用筒形旋转筛来磨掉颗粒的棱角而形成球形团粒。振动筛是为了除去粗颗粒，筛上粗颗粒送平板压床重新压块，筛下料再经旋风分离器，成球状团粒的为合格干压坯料，而微细粉状料重新送平板压床压块。加压造粒法的优点是团粒的体积密度大、机械强度高，能满足各种大件和异型制品的成型要求。

喷雾干燥法是用雾化器将具有流动性的泥浆喷入塔内进行雾化，被雾化后雾粒在塔内与从另一路进入塔内的热气体相接触而被干燥成颗粒，由塔底漏出，再输送到料仓中陈腐、备用。用这种方法造出的粉料形状接近球形，具有理想的流动性，满足干法成型的要求，而且产量大、劳动强度小，可以连续化生产，为自动化成型工艺创造了良好的条件，是目前陶瓷生产中广泛采用的粉料制备工艺。

第四节　坯料的陈腐和真空处理

一、坯料的陈腐

1.陈腐的原因及意义

（1）球磨后的注浆放置一段时间后，流动性提高，性能改善。

（2）压滤的泥饼，水分和固相颗粒分布不均匀，含有大量空气，陈腐后水分均匀，可塑性强。

（3）造粒后压制粉料，陈腐后水分更加均匀。

2.陈腐的作用机理

（1）通过毛细管的作用，使坯体中水分更加均匀。

（2）水和电解质的作用使黏土颗粒充分水化，发生离子交换，同时非可塑性物质转变为黏土，可塑性增强。

（3）有机物发酵腐烂，可塑性增强。

（4）发生一些氧化还原反应，生成的H_2S气体扩散流动，使泥料松散均匀。

二、坯料的真空处理

1. 真空练泥

压滤泥饼：水分、固体颗粒分布不均匀，定向结构，收缩不均，开裂，含大量的空气，阻碍坯料与水分润湿，使可塑性减弱，弹性形变加大。经练泥后组分均匀，收缩减小，干燥强度成倍提高。但练泥后的泥段仍存在颗粒定向排列情况。

2. 影响泥料质量的因素

（1）加入泥饼的水分高低及均匀性：过软则填塞真空室，过硬则阻力增加。

（2）泥饼的温度和练泥机的温度：温度过高，水气化量增加，真空度减少；温度过低，泥料容易开裂。

（3）加料速度：过快，真空室填塞，影响真空度；过慢，泥段脱节、层裂、不均匀、断裂。

（4）真空度：0.095～0.297MPa、95～97kPa

（5）练泥机结构。

第五节　坯料性能测试

根据审美趋向和想要采用的成型方法，先选择配制坯料所需的黏土，然后添加助熔剂和添加剂以调节配方的干燥和烧成性能。通过相关测试可以了解黏土的性质。

无论是购买的坯料，还是挖掘黏土，都应当进行测试。虽然很多书籍有坯料相关知识的介绍，但只有通过测试，才能真正了解所购买的黏土或者坯料的性质。

1. 黏度测试

有两种测试方法：

（1）感官法。泥浆沿手指呈一条线缓缓流淌则表示黏度适中，如果一滴一滴滴落则表示黏度过大。

（2）计算法。比例适当的注浆泥浆比重为1.7，水的比重约为1.0。因此100mL上好的注浆泥浆其重量应当为170g。一旦超重就需添加悬浮剂或水，分量不够时再添加些干粉。做好记录以供下次重复配制。

2. 可塑性测试

本测试的目的是感受湿黏土或坯料的手感及其对压力的反应。将黏土或坯料搓成泥条并弯曲，泥条开裂，说明其相对可塑性较差；将黏土或坯料捏成薄片看它们是否还具有支撑力；将黏土或坯料擀成薄片以测试其伸展性；将黏土堆积起来看它们对自身重量的承受力；在黏土中央挖一个空洞以测试其强度，观察黏土在干燥过程中是否变形或开裂。

有时黏土因含有过量的沙粒、叶子或植物纤维而缺乏可塑性。但只要是黏土，就可以通过淘洗过滤掉其中的非粘性物质，以加强其可塑性。

如果黏土的可塑性不够，例如易破损或开裂、干燥过快、可塑性差或太粘手以至难以成型，就必须改善这些问题。当黏土的黏度不够时，可以通过混合有良好黏度黏土的方法提高其可塑性；当黏土的可塑性较差时，可以通过添加经过粗打磨的黏土增强其可塑性；当黏土黏度太大时，可以通过混合添加剂的办法增强其可塑性。

3. 干燥收缩和烧成收缩测试

将每种黏土或坯料制成 6 个试片，在每个试片上画一条 10cm 长的线，在线的两端做标记，记录其长度为 L_0，干燥后再测量其长度 L_1，用以下公式计算坯料或黏土的干燥收缩率：

干燥收缩率 =（L_0 − L_1）/ L_0 × 100%

高温烧成后，再测量其长度 L_2，用以下公式计算其烧成收缩率：

烧成收缩率 =（L_1−L_2）/L_1 × 100%

一般陶器在干燥过程中的收缩率至少为 10%。炻器在干燥过程中的收缩率为 12% ～ 15%。瓷器的干燥收缩率为 15%~20%。普通陶器有一条经验规律：30cm 收缩 2.5cm，15cm 收缩 1.2cm，7.5cm 收缩 0.5cm。

4. 吸水率测试

将每种黏土或坯料制成小试片，将干试片放在天平上称量其重量 M_0，并将试片浸入水中煮一个小时，然后将试片从水中快速取出并放在天平上称量，其重量为 M_1。用下列公式计算其吸水率：

试片的吸水率 =（M_1 − M_0）/M_0 × 100%

了解所用的坯料是多孔的、有孔的还是密度较高的，并进行三种温度烧成试验。烧成后依据试片的吸水率高低可判断该种坯料土是属于陶器、炻器还是瓷器。陶器因其高吸水率和低收缩率在成型和烧成过程中比炻器所暴露出来的问题少得多，但炻器的密度和强度比陶器大。瓷器吸水率低、气孔率也低、密度和强度都比炻器和陶器大。

5. 耐火度测定

耐火度反映材料无荷重时抵抗高温作用的稳定性，它是材料的一个重要工艺常数。耐火度的测定是将一定细度的原料制成一截三角锥（高 30mm，下底边长 8mm，上顶边长 2mm），在高温电炉中以一定的升温速度加热，当锥内复相体系因重力作用而变形，以至顶端软化弯倒至锥底平面时的温度，即是试样的耐火度。

6. 触变性测定

黏土泥料的触变性在测定时以厚化度来表示，厚化度以泥料的黏度变化之比或剪切应力变化的百分数来表示。泥浆的厚化度是泥浆放置 30min 和 30s 后其相对黏度之比，即泥浆厚化度 =t_{30min}/t_{30s}，t_{30s}= 泥浆放置 30s 后，由恩氏黏度计中流出的时间；t_{30min}= 泥浆放置 30min 后，由恩氏黏度计中流出的时间。

可塑泥团的厚化度为泥团放置一定时间后，球体或圆锥体压入泥团达一定深度时剪切强度增加的百分数，即泥团厚化度 =（F_n−F_0）/F_0 × 100%，式中：F_0 是泥团开始承受的负荷，F_n 是经过一定时间后，球体或锥体压入相同深度时泥团承受的负荷。

7. 结合力测定

在工程上要想直接测定分离黏土质点所需要的力是困难的。生产上常用生坯的抗折强度来间接测定黏土的结合力。在实验中通常以能够形成可塑泥团时所加入标准石英砂（颗粒组成为 0.25 ～ 0.15mm 的占 70%，0.15 ～ 0.09mm 占 30%）的量及干后抗折强度来反映。加砂量达 50% 时为结合力强的黏土，加砂量达 25% ～ 50% 时为结合力中等的黏土，加砂量在 20% 以下时为结合力弱的黏土。

第五章　坯料装饰工艺

第一节　色坯

一、色坯

使陶瓷坯体整体着色的装饰方法。用天然着色黏土或人工制造的高温色料使坯体着色，色料加入量随色料的发色能力与色调深浅要求而变，一般为1%～10%，有时也可高达15%或者低于1%。加入的颜料可为一种也可为多种，多种混合均匀后，着色坯体呈单一色调。着色坯料通常用注浆或半干压成型为坯体，坯体可施透明釉，也可不施釉。

着色剂氧化物和陶瓷色料的细度，以及它与坯料混合的均匀性，直接影响色坯的装饰效果。若色料细度不够或混合不均时，将引起着色不均匀，甚至出现"色斑"。通常使用湿法球磨，细度控制在万孔筛筛余0.1%~0.5%，这样即可混合均匀又可保证细度。若使用的色料硬度大，应在使用前先将色料单独细磨后再混入坯料中进行球磨，这样可防止坯料过分细磨而影响坯料的其他工艺性能。

色坯装饰在建筑陶瓷上较多见，如图5-1。日用陶瓷一般不使用整体着色，多采用化妆土附着在坯体表面或在石膏模型内壁先注入色泥浆排余浆后，再注入泥浆合并浇注成型来达到色坯的整体装饰效果。

二、色粒坯

色粒坯也称斑点，也是色坯装饰的主要方法之一，主要用于建筑陶瓷地砖的生产中。色粒坯是将色泥通过造粒的方法制成不同粒径的粉料或颗粒，再将它与白色或其他颜色坯粉以一定比例混合均匀后，经成型、干燥、烧成、抛光，最终制成各种彩色斑点瓷质砖。这种装饰使产品表面具有仿天然花岗岩效果，又称仿花岗岩。

色粒坯装饰的关键在于造粒和混料，造粒方式可分为干法造粒和湿法造粒，混料方法有塔内混料、塔外混料及混合混料。

1. 湿法造粒（喷雾干燥法造粒）

工艺流程如图5-2。

通过喷雾塔内色料喷枪配置的多少和调节色泥浆计量泵，达到粉料按设定比例配色，可以是单色，也可以是多色。由于混喷生产时，色泥浆易污染白色基础浆料，而且细小的色粒也会均匀分布于白色

图5-1　色坯砖

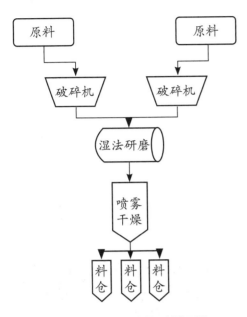

图5-2 喷雾干燥法造粒工艺流程图

粉粒之中，使粉料中的色料不清晰，层次不分明，故现在很少采用此法生产。

2. 干法造粒

工艺流程如图 5-3：原料经破碎工序后开始干法研磨。工业上干法研磨一般采用摆动磨机（雷蒙

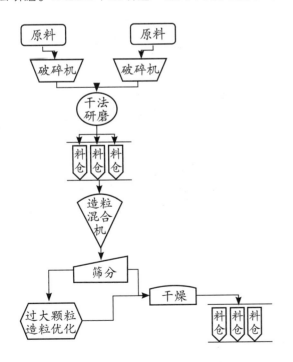

图 5-3 干法造粒工艺流程图

磨）。粉料经过筛分分级保存在料仓中，需要的原料、色料再由造粒混合机高效混合，并进行细度优化后，用于成型、装饰。

这种干法造粒设备能使粉体的粒径更加均匀，质量更加稳定。由于湿法造粒必须用水，并且干燥后形成水蒸气排除，浪费能源，而干法造料大大节约了这部分能源。

3. 混料

塔内混料，是采用泵将基浆、色浆按比例同时打入喷雾干燥塔内，从而一次制造出带色的粉料。该种方法工艺流程简捷，易操作，所需设备较少，可较大幅度地降低一次性投资，设备利用率高，花色调整也较容易，可以同时制出多颜色粉料。但若控制不好，易产生色差，特别是在运转时。当生产规模较小时，可采用塔内混料较为经济，当生产规模较大时，采用塔外混料比较合理。

塔外混料，是将基料和色料分别单独制粉，然后根据所需装饰效果，用机械的方法将两者进行掺和。采用这种工艺制出的产品，色料颗粒清晰，特别是采用两种以上的颜色进行装饰时，可收到较好的效果。但这种方法生产工艺复杂，所需设备较多，投资较大，当色料与基料的颗粒级配不一致时，易产生颗粒偏析而带来色差。

对于斑点状特殊效果的处理，一般需要使用大颗粒混料。多种大颗粒与基料的配比决定了成品砖的美学装饰效果，通常以酷似斑点状天然花岗岩石材为目标，经过多次试验，找到合理配比使含有基料颜色成分的混合色料颗粒在边界取得较好的过渡效果，增加自然感。操作上，需将这些粒径差异很大的混合料充分搅拌均匀。由于大颗粒较脆弱，因此，选择合适的搅拌形式以及搅拌速度至关重要。

4. 布料

要产生装饰效果良好的瓷质砖，布料是很重要的步骤。颗粒的大小、数量及其颜色组合，是必须综合考虑的因素。一般配料中大颗粒含量在 15% ~ 30%。通常可在基料中添加一些色基颗粒或同色系颜色的喷雾料，获得颗粒与基料之间更自然的颜色搭配。

色粒坯料在半干压法成型过程中的布料方法有三种：

（1）均布法：将色粒坯料通过推料架均匀填充在模框内；

（2）二次布料法：将白色基础料先填充在模框内，然后再次推料将色粒坯料均匀填充在模框内。一般采用冲压成型，冲压成型是正压，即砖面向上。此法可减少色粒坯料用量，但成型效率一般低于 50%。二次布料有可能因两层料成分、结构的不同，造成高温收缩不一致而产生缺陷，通常采用在大颗粒层中加入不同瓷砂的方式进行调节，并由此使产品风格更接近自然效果；

（3）电脑布料法：在模框内布完基础白粉料后由电脑预先设定程序，将一至多种色料同时一次排布在框内，造成云状、大理石纹状和各种花岗岩石纹样，效果逼真。

三、绞胎

绞胎，又称绞泥，是指将两种以上不同色调的坯泥不均匀地掺和在一起成型，造成坯体出现不同色调的花纹，从而达到装饰的效果。

绞胎为唐代瓷器生产中出现的新工艺，流行于唐、宋时期。其做法是用白、褐两种颜色的泥绞出木纹理及团花、水波、行云等纹样。宋代还出现了羽毛状花纹。这种工艺开辟了瓷器装饰的新途径。

唐代绞胎器物以河南巩义窑产品最具代表性，常见器物有瓶、罐、盘、枕等。

将不同的陶瓷色料加入坯料中，制成不同色调的可塑坯料，再把这几种颜色的坯料揉捏在一起，利用滚压成型或者手工拉坯成型等方法，使坯体形成绞纹的装饰，干燥后施透明釉，釉烧即可，也可不施釉，也可以在成型好的坯体上浸一层这样的泥浆，形成绞泥纹。这种装饰方法多用于陶器制品。

图 5-4　绞胎装饰陶器

第二节 化妆土

一、概念与作用

一般来说，用天然的黏土或其他无机非金属材料的混合物，在陶瓷坯体上挂上一层质地均匀的、可改善坯体外观性状的、非完全熔融的覆盖层，这种材料就称之为化妆土。化妆土的作用主要有以下三个方面：

1. 掩盖陶瓷坯体上的粗糙表面、小孔洞及有害矿物粒点，使产品形成某种天然矿物的表面，不吸水、不挂脏，有较强的抗风化能力和耐蚀耐候性。化妆土不遮盖胎的原色与质感，有的还具有透明性，此种化妆土多用于屋面瓦、劈裂砖的表面。

2. 改变坯体的原有色泽，像化妆打粉底一样，提高釉面的白度和色釉的呈色效果，提高陶瓷制品的外观质量。

3. 增加陶瓷制品的艺术美感，以产生期望的机理效果或彩饰效果。如某些艺术陶瓷局部涂挂化妆土或者坯体涂挂两种以上不同色泽的化妆土等。

从出土文物中可以看出，我国古代早已使用化妆土来装饰陶瓷制品，并常常在粗糙的陶器表面上挂上一层与坯体不同颜色的化妆土，使制品外表平滑致密。现代的陶瓷制品，使用各种类型化妆土来改善其外观性状及提高制品的装饰效果已是非常普遍，且种类繁多。化妆土的制备技术有了很大提高，其功能也在不断地拓宽与完善。从艺术陶瓷、工业陶瓷到紫砂制品，从日用陶瓷、卫生陶瓷到各类陶瓷墙地砖，都在根据坯体的特点及制品的使用要求，采用各种化妆土来改善制品的外观效果与提高制品的使用耐久性。因此，对于化妆土各种性能的研究及其工艺参数的确定，越来越受到陶瓷界的重视。

二、分类

化妆土一般分为两种：一种是在坯体上施好化妆土后再施釉，通常将此种化妆土称为釉底料或底釉，用于掩盖坯体中铁化合物的颜色，以提高釉面白度或颜色釉的呈色效果，通常选用烧后呈白色的黏土。另一种化妆土用于改变坯体的表面颜色和抗风化能力。在制品的表面施此种化妆土后，使产品形成类似某种天然矿物的表面，也可以在化妆土层上剔划或描绘纹样作为装饰。化妆土的用途很广，从日用陶瓷器皿到建筑卫生陶瓷都可使用。

三、技术要求

化妆土常作为底釉，这时它是釉与坯的中间层，能直接影响到坯体和釉层的结合性能。对化妆土要求如下：

1. 必须是均匀的，具有细腻的颗粒组成；

2. 细度小于坯体而大于釉料；

3. 干燥收缩和烧成收缩应适中，略大于坯体的干燥收缩和烧成收缩；

4. 热膨胀系数要介于坯体和釉料的热膨胀系数（α 表示）之间，即：

$$\alpha_{坯} \geqslant \alpha_{化妆土} \geqslant \alpha_{釉}$$

5. 化妆土泥浆的悬浮性要好，并且烧前、烧后要能很好地粘附在坯体上。

化妆土的成分，从理论上讲应介于坯与釉之间，实际上其成分更接近于坯料。它的熔剂性原料较少，例如黏土矿物 40%～50%，石英 30%～40%，长石 10%～20%，$CaCO_3$ 5%～8%，或者在坯泥中加入部分长石熔剂、色料与水，有时还加入 2～4% 胶水或糊精等粘合剂。

第三节　雕刻

一、镂雕

陶瓷装饰的一种，亦称"透雕""镂空"。指在坯体上透雕花纹，纹样穿透器壁的为"全镂""通花"；只刻去一浅层或刻到器壁一半的称"半镂"。两者结合使用可使层次更加丰富。距今五千年前的新石器时代晚期陶器上已有透雕圆孔，山东大汶口出土的薄胎黑陶把杯，把柄上就有多种镂空纹饰。汉代到魏晋时期的各式陶瓷香薰都有透雕纹饰；宋以后镂空装饰日益发展；清乾隆（1736—1795 年）时烧成镂空转心、转颈及镂空套瓶等作品，使这类工艺达到顶峰。

图 5-5　镂雕艺术品

二、堆雕

堆雕是我国传统的陶瓷装饰方法之一，亦称"凸雕""凸花"。它是在坯体表面上，采用毛笔蘸取同性质的泥浆或用手堆、贴、刻等各种方法，使陶瓷表面产生凸起的纹样，具有浮雕的装饰效果。一般分为高浮雕和浅浮雕两种，也有两者相结合的。

堆雕有"堆釉"和"堆泥"两种方法。"堆釉"原用毛笔蘸取白釉浆在施好色釉的坯体上堆填纹样。堆釉因釉料在高温烧成过程中会流动，故画面形象必须概括简练，不能太细。因釉质透明，故可充分利用其特点来表现物体轻重，厚薄等不同质感，具有其他装饰方法所不及的特殊效果。手工堆釉虽然效果好，但生产效率低，目前大量生产已采用特制的花纹模板将白釉浆贴于坯体，且往往和颜色结合运用，以增强装饰的色彩效果。

"堆泥"也称堆花，是用泥浆或各种不同色泽的彩泥（包括用一些金属氧化物作着色剂的泥料）用手指或者毛笔等各种工具，在坯体表面堆出各种浮雕状的纹样。

图 5-6　堆雕艺术品

三、捏雕

捏雕也称"捏花"，以手捏为主，配以搓、刻、削、捺、印等技法，捏造各种动物、植物、人物等

图 5-7　捏雕陶瓷花卉

图 5-8　刻戈青釉陶瓷

形象的陶瓷工艺。

　　捏雕工艺主要应用在欣赏价值较高的陈设瓷，也有艺术与实用相结合的小物件。

四、刻划

　　刻划通常用竹木、金属制成的刀具，以刀代笔，在胎上刻出花纹，然后施釉烧制，也有不施釉直接烧制的。其特点是着力较大，雕刻较深，花纹有层次。从南北朝开始就有这种装饰技法，至宋代北方瓷窑较为流行，出现了比较有代表性的几个窑口的刻划装饰。主要有河北定窑的白瓷刻划、陕西耀州窑的青瓷刻划以及江西的湖田窑影青刻划。这种工艺现在很多瓷区仍有采用。

　　定窑的刀是双线刀。刻出的刀痕是一宽一窄，一线一面，两条平等，虚实相生，这也成为定窑刻划花纹的一大特色。耀州的青瓷，刀刻较深，纹饰密集，有较强的立体浮雕感。江西影青瓷刻花，胎质洁白细腻，釉色白中闪青，瓷胎薄而半透明，从背面能看到正面刻划的影子，故而称为影青。其刻刀痕浅而稀疏，纹样抽象，独具特色。

第四节　其他装饰方法

一、渗花

渗花是采用丝网印花等方式，将可溶性着色剂渗入坯体中进行彩饰的方法。主要应用在建筑陶瓷瓷质砖生产中。陶瓷印花最早主要采用平面丝网印花技术，也叫孔版印刷，它与平印、凸印、凹印合称为四大印刷方式。在上世纪 70 年代，丝网印刷技术主要在意大利、西班牙等国家广泛应用。改革开放以后，佛山部分陶瓷企业通过引进、消化、吸收、创新的发展模式，使丝网印花技术在我国陶瓷行业得以迅速发展和普及，并成为世界上丝网印花产量最大、品种最丰富和功能最齐全的国家。

坯体渗花用液体色剂都是具有着色作用的可溶性盐类，经过适当的工艺处理，配制成具有一定黏度、稳定而不沉淀分层的混合物液体，采用丝网印花或喷淋等方式施于生坯（或素坯）表面。依靠坯体对渗花剂的吸附和助渗剂对坯体的润湿作用，渗入到坯体内部，经高温烧成后，这些可溶性无机盐与坯体发生化学反应而着色，抛光后即可呈现清晰的彩色图案。

陶瓷丝网印花技术具有制版简单、快速，操作灵活方便、效率高，利于机械化生产，便于不同产量的生产印花转换等优点。但是，陶瓷丝网印花技术由于多是采用半自动的人工操作，在制作陶瓷丝网的过程中需要多个环节的人工操作，容易出现误差。比如涂布感光胶的次数、厚薄，或者冲洗网版的通透度等，都会在制造的过程中影响丝网的使用周期与质量。另外，由于是采用平面印刷，不易印刷到产品的边缘，影响了产品的美观；在生产过程中容易出现色差；最致命的是不能对瓷砖的凹凸面进行印刷。因此，很难体现陶瓷产品表面的多元化及立体层次效果。

二、胶辊印花

早期，陶瓷辊筒印花技术是在平面丝网印花的基础上开发出来的，它把平面丝网的间歇印花转变为连续印花。据悉，上世纪中期，意大利西法尔公司就发明了辊筒印花技术并大量被使用。随后在世界多个国家及地区申请了专利，并在 1999 年获得了中国专利并授权。我国从 20 世纪 90 年代末期引进的辊筒印花技术基本上是后期升级的胶辊印花技术。

胶辊制作的原理是设计师将设计好的图案文件交给专业的雕刻公司，雕刻公司将图案文件输入计算机，由计算机控制激光器，一边根据图形数据不断变换发射激光束的强度或步长，一边在印花胶筒层上雕刻出相应的微孔，形成印刷图案。

辊筒印花由于采用柔性印刷技术，其突破在于可以实现瓷砖表面的凹凸印刷，从而使得砖的表面层次更加丰富，图案纹理清晰、细致、色彩鲜艳，效果逼真，完全可以与天然石材相媲美。辊筒印花在生产中实现了全自动控制，生产量大、对位精准、使用寿命长，极大地提升了产品的品质和生产效率。但由于辊筒印花设备成本和使用成本较高，辊筒制作周期偏长，以及国产核心技术也没有完全成熟等因素，影响了它在陶瓷企业中的推广使用，所以很快就被喷墨印花所取代。

三、喷墨打印

陶瓷喷墨打印技术是一种无制版、无接触、无压力的印花复制技术，它将电子图像直接成像在陶瓷介质表面，省略了传统陶瓷印花的多项工艺流程，从而突破了传统印花技术的局限。早在 2000 年，在意大利每年举行一届的陶瓷展览会上，用这种技术生产的展示产品，其工艺及喷印效果已达到非常完美的地步。期间，意大利及西班牙有关企业也解决了喷墨头的技术瓶颈，并在欧洲得以迅速发展。由于欧洲对这种技术进行封锁，直到2008年，该技术才得以在全球陶瓷行业中普及。

陶瓷喷墨打印的基本原理是将小墨滴从直径为10μm的喷头喷出，以每秒数千滴的速度沉积在载体上。一般可分为连续性喷墨打印和间隔式喷墨打印两种。技术系统主要有：输送系统、供墨系统、喷头系统、显示控制系统、清洗系统等，其核心部件是喷头。另外，对墨水及供墨系统也有极高的技术要求。

陶瓷喷墨印花技术的优点：

（1）陶瓷喷墨印花打印像素可达到360dpi以上，能使产品更细腻、逼真，仿真度达到100%。这是目前其他陶瓷印花设备所不能具备的优势。

（2）传统的丝网印花及辊筒印花，都必须在事先准备底片、网版、胶辊、雕刻及各种材料，而采用喷墨印花，只需将设计好的图像输入电脑，在极短的时间内即可进入小批量、多花色的试验状态或生产状态，更加适应当今瓷砖装饰时尚、个性化的设计要求，节约生产成本。

（3）采用无接触、无压力印花，可以在凹凸多元的瓷砖表面上，随心所欲地喷印图案，降低破损率。

（4）可以快速更新设定生产模式及更多的设计图案，极大地丰富了产品的花色品种，并提高了生产效率。

（5）采用精确的控制系统，保证高精度使用，创造了低碳环保、节约减排的生产循环体系。

陶瓷喷墨印花的缺点：

（1）设备一次性投入较大；

（2）墨水价格偏高，色彩还原还不够丰富；

（3）喷墨印花所使用的喷头价格较贵；

（4）关键核心技术与设备被英国和日本垄断。

第六章　国内外著名的坯料实例与表现

耐热瓷

耐热瓷（低膨胀陶瓷），通常采用 $Al_2O_3-SiO_2-Li_2O$ 和 $Al_2O_3-SiO_2-MgO-Li_2O$ 两大组成系列，与传统陶瓷对比有明显的特点，它们都属于热膨胀系数小、抗热震稳定性好的陶瓷材料。利用这一特性，常用来制作耐热陶瓷。

锂质高耐热陶瓷煲不仅能适应各种热源，满足煎、炖、煮等各种形式烹饪食物，还能适应导磁膜新技术的需求，可在耐热陶瓷煲底部烤上导磁膜，代替带磁金属锅直接在电磁炉上使用。

一般的陶瓷器在温度的急剧变化下容易被破坏，这是由于它们是热的不良导体，在剧烈的温度变化下容易产生局部的温度差，这个温度差使内部产生应力，当超过弹性限度时就会被破坏。因此，提高耐热性，首先要使陶瓷器内部不产生应力，其次是即使内部产生应力也能做到耐热。影响耐热性的因素主要是：热膨胀、热传导、弹性、机械强度等。如表 6-1 某陶瓷煲坯料化学组成。

图 6-1　耐热瓷的应用

表 6-1　某企业高耐热陶瓷煲坯料化学组成（wt%）

组成	SiO_2	Al_2O_3	Fe_2O_3	CaO	MgO	K_2O	Na_2O	Li_2O	I.L
含量	66.52	23.20	0.29	0.51	1.56	0.43	0.15	3.45	6.17

伯利克陶器

这种产自爱尔兰的陶器最大的特点就是它的透明度。坯体像纸一样薄、像玻璃一样透明。其为低温坯料，由瓷石、熔块及玻璃组成。该坯料配方在爱尔兰是秘方，但可按照以下配方常试配制：

瓷石 25％，球土 25％，熔块或玻璃粉 50％。烧成温度为 1050℃。

图6-2　伯利克陶器

海泡石烟斗

海泡石由产自亚细亚的无水滑石粉状硅酸盐镁砂制成，通常呈白、浅灰、浅黄等颜色，不透明也没有光泽。其名字意为"海水泡沫"，而这种极像黏土的原料轻得可以飘在水面上。海泡石有一个奇怪的特点，当它们遇到水时会吸收很多水从而变得柔软起来，而一旦干燥就又变硬了。如图 6-3 海泡石烟斗，主体是海泡石，后期将蜂蜡、石蜡按一定比例混合后用于海泡石烟斗外表处理。烟斗外层燃烧腔内是用生黏土分层精雕细刻出的另一个燃烧腔。

随着吸烟次数的增加，内层生黏土燃烧腔会被慢慢烧结。

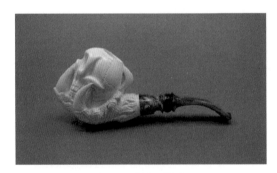

图6-3　海泡石烟斗

帕洛斯瓷器

这种瓷器在维多利亚时期用于做素烧器娃娃头部，由 65％的康沃尔石质长石和 35％的瓷石混合而成，烧成温度为 1200℃。其名称源自于以大理石矿闻名的基克拉泽斯（Cyclades）岛。配方如下：瓷石 29％，球土 29％，霞石正长石 42％。

埃及黏土

根据象形文字记载，在克娄巴特拉时代及之前的几个世纪，这种原料广泛用于人像、珠链，被雕刻成项链及被制成衣扣。所谓的埃及黏土其实是一种自释釉坯料，因为留存下来的大量珍贵艺术品呈蓝绿色，所以埃及黏土通常也被认为是蓝绿色（铜发色），也有其他颜色。原料中的盐分较高，盐是玻璃工艺中的助熔剂，而原料中的碱性物质和较低的烧成温度使它在 7000 年前大放异彩。

烧成温度为 890 ~ 1050℃的白色埃及黏土配方如下：

球土 14%，霞石正长石（或任意一种钠长石）37%，纯碱 6%，小苏打 6%，硅 37%。

干粉储存，使用时加水配制，当表面的泡沫消失时，盐类会析出晶体。这层白色的盐晶非常重要，千万不可将其刮去。如果盐类未析晶，需将食盐和水或纯碱和水混合，再将这种混合溶液涂抹在干燥的坯料表面上。

可以用任何一种黏土氧化物或商业色剂为埃及黏土着色。这里有几种配方：碳酸铜 3% ~ 5%，生成蓝绿色；碳酸钴 0.5% ~ 2%，生成蓝色；二氧化锰 2% ~ 4%，生成紫色；铬的氧化物 2% ~ 5%，生成绿色。将各种颜色的色剂按照 10% ~ 15%的比例添加，可以配制黄色、粉色、褐紫红色、珊瑚红色、棕色、淡蓝色及其他颜色。比例不同所生成的颜色深浅也不同。将白色埃及黏土与其他颜色的埃及黏土混合，可以增加颜色的明度，也可以用白色黏土与有色黏土绞胎。

尽管埃及黏土的可塑性并不强，但可以用它制作珠子或其他装饰品。高温烧制时它会变成釉，而即便是低温烧制，珠子粘接在一起或坯体粘接到窑具上的情况也时有发生。烧制珠子时，需要用镍铬丝将它们穿成一串并为镍铬丝制作支撑。

氧化色泥浆

可以充当坯料但并非坯料。氧化色泥浆通常由天然黏土在岩石和水相互作用下经过数千年研磨转化而成。可以在临近水源或已干枯且多卵石的河床附近找到这类泥浆。它们大都含有杂质，这些杂质会在烧成阶段生成某种颜色。其显著特点是表面有光泽，通常为铁锈红色，和博物馆中的那些由希腊、雅典人及后来由罗马人制作的罐子相似。宜兴人用这种坯料制作整个器型，而不是仅作为表面装饰。著名的宜兴紫砂茶具就是由这种坯料制作的。从各个角度观察都能看到坯料散发的光泽。

没有河床黏土时也可以用白色氧化泥浆配制色泥浆。按照测定的比例选用任何一种球土，添加双倍的水和原料干粉及 1%作为悬浮剂的氢氧化钠，球磨 24 小时。研磨后将液体的质量调节到 1.2，即 100mL 溶液在天平上称量的结果应当为 120g。通常泥浆的质量会超过 1.2；不到 1.2 时，再添些水或黏土。让混合后的泥浆在玻璃容器中自然沉积一星期，之后泥浆会分成三层：清水在上层，浊水在中间，沉淀物在底层。抽出清水，中间的那层浊水便是氧化泥浆，但有时最下层的沉淀物也可以用。把这种稀薄的液体喷涂到半干或全干的坯体表面，其光泽立刻呈现。氧化色泥浆只是黏土和水的混合体，所以由它装饰的坯体不会互相粘接，也不会粘接容具；即便是装饰陶器，氧化泥浆不但会提高坯体表面的光泽度，还可以在坯体表面形成一层致密的外衣。

就像为埃及黏土着色或制作氧化色泥浆那样，可以用陶瓷氧化物或色剂为由白色球土制成的氧化泥浆着色。当坯体不施釉时，为追求装饰效果也可以使用氧化泥浆，比如：

1. 作为高温餐具底釉及装饰不施釉底足；

2. 为花盆着色并增加光泽，同时保留坯体上的气孔；

3. 为需要堆烧但又怕施釉后会互相粘接的建筑类陶瓷产品着色。

乐烧坯料

乐烧坯料无须特别配制，但也可以按照配方配制。它也指一种工艺，其名称得自于日本历史上的一个皇族。乐烧坯料必须具有良好的透气性以保证热量通过，并且坯料中必须含有大量惰性物质，其作用是提高坯体的抗热震性。在任何一种坯料中添加杂质、沙粒或窑砂，其比例可以占到总量的 $\frac{1}{3} \sim \frac{2}{3}$，揉匀后便能得到乐烧坯料；或像新墨西哥的普韦布洛印第安人用火山灰和当地的黏土相混合，将采自木材场的浮石与耐火黏土按 1：1 的比例混合，也可以配制耐火坯料。

日晒黏土砖

日晒黏土砖英文名称可能来自埃及语。从古至今，美洲印第安人及其他居住在沙漠地区的民族都用这种混合杂质的天然黏土建造住宅或炉灶等生活用品。在历史上，这种坯料通常由黏土与松脂、麦思奎特豆荚汁、刺槐豆浆、麦秆及某些其他科目的植物相配制。这种坯料在阳光下晒干并最终风化消解。用于增加日晒黏土砖坯料强度的商业原料包括水、聚合物环氧化物及乳化沥青。建筑用日晒黏土砖坯料收缩率极小，即使是坯体已经干透，也能继续添加新料。墨西哥人通常用麦思奎特豆荚作燃料烧窑，该植物可以在坯体表面形成一层绚丽的颜色。

陶艺家单独使用日晒黏土砖坯料或将其附着于金属网及其他支撑外表面，以塑造形体或雕塑。添加一些纸（坯料：纸 = 2：1）或添加任何一种纯黏土（占总量的 50%）都可以增强坯料的可塑性，而添加纤维可以提高其强度。经过测试会发现所有的日晒黏土坯料制作工艺都不同，为达到既定的效果，可以采用手工成型、印模或内支撑外敷坯料等方法。日晒黏土砖坯料不适合制作实用性器物，但适合制作艺术品。采用这种原料的制品通常一次烧成，可以施釉。

周国桢的作品

20 世纪 80 年代后，周国桢率先将匣钵土等粗质材料引入陶艺创作中。黏土质匣钵土中 Al_2O_3 含量在烧煅后不得小于 30%，耐火度不低于 1580℃，Fe_2O_3 含量为 1%～3%。起熔剂作用的杂质氧化物，如 CaO、MgO、K_2O 和 Na_2O 等的量必须控制在 5% 以下。质地比较纯的硬质黏土（或页岩黏土）是比较理想的匣钵土，煅烧后 Al_2O_3 含量在 40% 以上。如山东博山出产的焦宝石是耐火度高、烧结温度低、高温机械强度好的耐火黏土，是生产黏土质耐火材料和匣钵的优质原料。周国桢利用了匣钵土耐高温、烧后粗犷的特性，把这些曾被视为粗糙的材质变成了作品，取得了令人耳目一新的艺术效果。

他还将景德镇大缸泥、宜兴陶土与瓷泥结合使用进行创作，充分发挥了不同泥料自然色彩和机理的对比效果，那种对立统一、朴质生动之美在中国现代陶艺史上是前所未有的创举。

图6-4　周国桢的作品《盛世瑞虎》

罗小平的作品

传统雕塑技艺是在雕琢中塑造和堆砌形体，而罗小平的泥片雕塑技艺，则具有它的未知性、不可控性，只有顺性而为，才可生动自如，产生意外的美感。罗小平教授充分应用了泥片的可塑性和延展性，从泥土的拍平开始，经揉搓百炼，坯料干湿合适后制为泥片。其创作的泥片成型的雕塑作品劲道畅快，宛如天成。在他手里，泥片是如此的收放自如。

图6-5　罗小平的作品

以色列设计师 Rachel Boxnboim 的作品

以色列设计师 Rachel Boxnboim 的作品 Alice 系列将针线与泥土结合，以一种柔软材料（织物）和硬质材料（陶瓷）之间的连接，烧制出别具一格的陶瓷作品。她从旧茶壶中得到灵感，用不同面料拼缝出牛奶罐、茶壶、茶杯等餐具的造型，在布料制成的模具中注浆，织物在烧成过程中消失，却将不同织物的纹理留在了器物表面。在《Alice 系列》作品中，Rachel 成功地将织物和坯料相结合，同时又保留了织物的某些属性。这些餐具一被端上桌面，即给大家耳目一新的感觉。

图 6-6　Rachel Boxnboim 的作品《Alice 系列》
（本章图片部分来自《瓷讯》）

韩国的陶艺家 Ju-Cheol YOON 尹柱哲的作品

韩国的陶艺家 Ju-Cheol YOON 尹柱哲在创作过程中利用了泥浆的可塑性、结合性以及触变性，其制作技法是将瓷土浆一个个点在器物上，干燥后细小突起泥条具有一定的干燥强度，保证了入窑烧制过程的完成，从而让其陶瓷作品更富有立体感。

图 6-7　Ju-Cheol YOON 尹柱哲的作品

丹麦陶艺家 Bodil Manz 的作品

丹麦陶艺家 Bodil Manz 在当代欧洲陶艺薄胎瓷领域有着重要地位。Bodil Manz 作品将传统的实用陶瓷器皿与现代陶艺相结合。她的作品多为圆柱体造型，在圆柱体的内外面用几何图案装饰。陶瓷器皿成型工艺选择注浆成型，装饰工艺选择了贴花纸，器表装饰有形式感强烈的几何图形，从而让陶瓷器皿具有了立体的现代派绘画作品的感觉。

图 6-8　Bodil Manz 的作品

陶艺家 Peter Pincus 的作品

坯料装饰工艺的方法有很多，比如色坯、绞胎等。大多数陶艺家选择的都是用天然着色黏土或人工制造的高温色料使坯体着色，或者将两种以上不同色调的坯泥不均匀地掺和在一起成型，使坯体出现不同色调的花纹以达到装饰的效果。但 Peter Pincus 选择在石膏模具内为作品上色，他的方式更为别出心裁。复杂的色彩在陶瓷的表面呈现出三维的空间感，让观众在简单与复杂的感觉之间跳跃。

图 6-9　Peter Pincus 的作品

参考文献

[1] 冯先铭 . 中国陶瓷 [M]. 上海：上海古籍出版社，2001.

[2] 马铁成，缪松兰，林绍贤，等 . 陶瓷工艺学 [M]. 北京：中国轻工业出版社，2011.

[3] 王超，施建球 . 陶瓷装饰技术 [M]. 北京：中国轻工业出版社，2018.

[4] 郭庆 . 陶瓷印花技术的发展现状 [J]. 佛山陶瓷 .2014(04):7-8.

[5] 许绍银，许可 . 中国陶瓷辞典 [M]. 北京：中国文史出版社，2013.

[6] 袁行霈，严文明，张传玺，等 . 中华文明史 [M]. 北京：北京大学出版社，2006.

[7] 轻工业部第一轻工业局 . 日用陶瓷工业手册 [M]. 北京：中国轻工业出版社，1984.

[8] 刘康时 . 陶瓷工艺原理 [M]. 广州：华南理工大学出版社，1990.

[9] 叶喆民 . 中国陶瓷史 [M]. 上海：生活·读书·新知三联书店，2011.

[10] 中国硅酸盐学会 . 中国陶瓷史 [M]. 北京：文物出版社，1982.

[11] 李家治 . 中国科学技术史：陶瓷卷 [M]. 北京：科学出版社，1998.

[12] 刘丽 . 煤矸石多孔陶瓷的制备工艺研究 [D]. 合肥：安徽建筑大学，2015.

[13] 董丽娜 . 粉煤灰质高红外辐射率卫生陶瓷的研制 [D]. 景德镇：景德镇陶瓷学院，2011.

[14] C. E. 威维尔，L. D. 普拉德 . 粘土矿物化学 [M]. 北京：地质出版社，1983.

[15] 国家建材局地质公司 . 中国高岭土矿床地质学 [M]. 上海：上海科技文献出版社，1984.

[16] 戴长禄 . 硅灰石 [M]. 北京：中国建筑工业出版社，1986.

[17] 张天乐等 . 中国粘土矿物的电子显微镜研究 [M]. 北京，地质出版社，1978.

[18] H. 舒尔兹 . 陶瓷物理及化学原理 [M]. 北京：中国建筑工业出版社，1975.

[19] 王成兴 . 硅酸盐工业矿物原料基础知识 [M]. 北京：中国轻工业出版社，1984.

[20] 李家驹 . 日用陶瓷工艺学 [M]. 武汉：武汉工业大学出版社，1992.

[21] 西北轻工业学院 . 陶瓷工艺学 [M]. 北京：中国轻工业出版社，1980.

[22] 郭靖远，相清清. 日用精陶 [M]. 北京：中国轻工业出版社，1984.

[23] 桥本谦一，滨野键也. 陶瓷基础 [M]. 陈世光，译. 北京：中国轻工业出版社，1986.

[24]H. 萨尔满，H. 舒尔兹. 陶瓷学 [M]. 黄照柏，译. 北京：中国轻工业出版社，1989.

[25] 素木洋一. 精细陶瓷 [M]. 顾磐伟，林正娥，等，译. 北京：中国轻工业出版社，1984.

[26] 杜海清，唐绍英. 陶瓷原料配方 [M]. 北京：中国轻工业出版社，1986.

[27] 张玉南. 陶瓷艺术釉工艺学 [M]. 南昌：江西高校出版社，2009.

[28] 方明豹，徐劲锋，俞建群. 杀菌功能陶瓷 [J]. 上海建材，2000(01):14–15.

[29] 高正艳，阮代锁，钟雪莲. 镁质瓷的研究现状及进展 [J]. 广州化工，2020(6).

[30] 丁新更. 银离子掺杂纳米二氧化钛粉体的制备、性能研究与应用 [D]. 杭州：浙江大学，2002.

[31] 陆小荣. 陶瓷工艺学 [M]. 长沙：湖南大学出版社，2005.

[32] 徐利华. 陶瓷坯釉料制备技术 [M]. 北京：中国轻工业出版社，2012.